피부 관리실의
고객만족을 위한
성공
가이드

BM 성안당

피부 관리실의
고객만족을 위한 **성공 가이드**

2012년 8월 25일 1판 1쇄 인쇄
2012년 9월 5일 1판 1쇄 발행

지은이 | 권혜영
펴낸이 | 이종춘
펴낸곳 | BM 성안당
주소 | 경기도 파주시 문발로 112
전화 | 031-955-0511
팩스 | 031-955-0510
등록 | 1973년 2월 1일 제13-12호
출판사 홈페이지 | www.cyber.co.kr
도서 내용 문의 | khyohui@hanmail.net
ISBN | 978-89-315-7607-8 (13590)
정가 | 20,000원

이 책을 만든 사람들

진행_최동진, 홍지영
교정_신정진
북디자인_디자인 뮤제
홍보_박재언 | **제작**_구본철

도움을 주신 분들_양일훈, 이승진 외 원장님들

✼ ✼

피부 관리는 단순히 겉으로 드러나는 피부만을 아름 답게 가꾸는 것이 아니라 스트레스 해소 및 비만 관리, 건강을 유지하고자 하는 예방의 형태로 발전하고 있습니다. 실제로 피부 관리실을 찾는 고객층이 다양해지고 있는 등 피부 관리는 더 이상 사치스러운 분야가 아닌 생활의 필수 분야로 자리를 잡아가고 있습니다. 따라서 최근의 피부 관리는 고수준, 과학적, 광범위한 범위로 확대되고 있으며,

이는 외모만이 아닌 건강을 생각했을 때에도 매우 긍정적인 흐름이라고 볼 수 있습니다.

이 책은 무한한 발전 가능성을 안고 있는 피부 관리업계의 원장님과 종사자들 그리고 미래의 피부 관리실 원장을 꿈꾸는 모든 분을 위한 책입니다. 피부 관리실을 찾는 고객을 만족시키기 위해서 사전에 어떤 교육을 준비해야 하며, 직원들에게 어떻게 비전을 제시할 것인지, 고객 상담은 어떻게 할 것인지, 클레임에 대한 대처, 고객 소개 요청, 홍보, 오감 만족 피부 관리실의 이미지를 가꾸기 위해서 준비해야 할 것에 대한 가이드북이 될 것입니다. 또한 피부 관리실 고객 만족 및 경영과 관련한 성공 사례를 수록함으로써 피부 관리실의 성공나기에 도움을 주며, 직원들의 실제 근무 후기를 통한 직원 이해하기, 고품격의 인테리어 이미지 갤러리 등 고객을 만족시킬 수 있는 전반적인 상황 연출 및 방법까지 피부 관리실을 성공적으로 운영하는 데 필요한 모든 노하우를 담았습니다.

이 책을 통해서 피부 관리실의 성공을 위한 교육부터 실전까지 고객 만족을 위한 노력과 다양한 방법을 공유함으로써 예의범절을 중시하는 우리나라의 고객에 대

한 예절 이미지와 세심한 피부 관리의 손맛을 세계에 알리고, 보다 더 성장해 나
갈 수 있는 성공 모델 숍이 많이 나오기를 기대해 봅니다.

끝으로 변함없는 사랑을 주시는 부모님께 감사드리며 지금의 제가 있기까지 부
족하지만 늘 열심히 한다는 칭찬과 더욱 성장해 나갈 수 있는 아낌없는 격려를
해주시는 국제대학교 한만오 이사장님 그리고 이종연 총장님께 감사의 마음을
전합니다.

이 책이 출판되기까지 많은 도움을 주신 모든분들과 성안당 관계자 분들께 깊이
감사드립니다.

권혜영 드림

✳ ✳

피부 관리 분야에 몸을 담고 있는 사람이라면 누구
나 훌륭한 피부미용 경영인이 되는 것이 꿈일 것입
니다. 단순한 기술자가 아닌 피부미용 전문가이면서
전문 경영인이 되기 위해서는 이론적인 지식이나 테
크닉, 금전적인 것보다 피부미용 업무가 사람에 대
한 관심과 사랑, 배려에서 시작된다는 기본적
인 이해, 그리고 프로다운 태도가 성공적인 경
영에 가장 근간이 되고 꼭 갖추어야 할 필수 조건
입니다.

실제로 피부 관리실을 운영하면서 겪게 되는 문제와 해결책, 강조하고 싶었던 부
분의 지침서가 필요하던 차에 반가운 책을 접하게 되었습니다.

이 책은 피부 관리에 대한 기본적인 지식 외에도 마인드, 예절, 교육, 경영 가이
드, 성공 교육 사례, 성공 경영 사례, 직원들의 근무 후기를 담아냄으로써 건설적
이고 긍정적인 변화를 이끌어 낼 수 있도록 도와줍니다. 실천되지 못하는 많은 창
의적인 방법들과 알고 있으면서도 행동으로 옮기지 못했던 세세한 부분까지도 변
화될 수 있도록 해주는 자극제 역할을 하기에 충분하다고 생각됩니다. 최고의
자리에 오를 당신에게 최상의 서비스와 고객 만족을 제공하기 위한 가
이드북으로 피부 관리업계에 몸담고 있는 많은 분들에게 이 책을 기꺼이 권하고
싶습니다.

양일훈에스테틱아카데미 원장 **양일훈**

Contents 목차

Contents 목차

Part 00

꿈은 이루어진다!
나만의 성공 피부 관리실

인간 정신의 가장 위대한 성취란 자기에게 주어진 기회와 능력을 최대로 발휘하는 것을 의미합니다. 스스로 기쁘고 행복하게 그리고 보람을 느끼며 즐기면서 할 수 있는 일을 가졌다면 이미 꿈을 이룬 것 못지않게 성공한 사람이 아닐까요? 미(美)를 창조하는 종합 예술인 여러분! 우리의 일은 열정이 있어야 가능합니다. 일을 통해 느끼는 성취감과 만족감은 그 어떤 음악이나 그림으로도 표현하지 못할 만큼 감동적입니다. 한 번뿐인 인생, 목표의 종착역까지는 수많은 정거장을 거치겠지만 더 높이 더 멀리 오르기 위한 꿈의 끈을 놓지 말고 내일의 성공을 위해 오늘도 꿈을 꾸고 실천해 나갑시다.

성공 피부 관리실로
자리매김하기

리더 또는 관리자

격랑의 파도가 몰아치는 현실 속에서 성공이라는 자리에 오르기는 쉽지 않습니다. 하지만 아무리 육중한 문이 성공을 가로막고 있어도 그 문을 열 수 있는 작은 열쇠만 있다면 쉽게 성공의 문으로 들어갈 수 있습니다. 리더십의 중요성을 아는 경영자이자 진정한 리더가 되어 노력하고 적응하며 훈련과 헌신으로 자기 자신뿐만 아닌 직원들까지도 변화로 이끄는 영향력 있는 원장이 되어 보세요. 원장의 마인드에 따라 직원들로 하여금 하기 싫은 일을 하고 싶게 만들 수도 있고, 이룰 수 없다고 생각했던 일을 가능하도록 만들 수도 있습니다.

피부 관리실 내에서 직원들의(개인 행동이 아니라) 단결된 모습은 개인의 목표나 피부 관리실 전체의 목표를 이루는 데 기본이 되는 성공으로 함께 가는 지름길입니다. 위험을 통제만 하기보다는 일에 대한 대처 능력과 함께 기회를 제공하는 리더, 규칙을 고집하기보다는 창의적으로 조직의 규칙을 변화·발전시키는 리더, 직원들의 다양한 제안을 수렴하여 시행하는 열린 사고를 가진 리더가 되어 보세요. 피부 관리사들의 꿈틀거리는 열정을 꺼내면서 몸을 던진 집중의 결과를 성취감으로 맛볼 수 있게 하는 지혜와 실천은 리더로서의 선명한 성공 그림을 완성시켜 줄 것입니다.

비전 제시

사업의 궁극적인 목적은 하고 싶은 일을 하면서 이윤을 남기는 것입니다. 그러므로 피부 관리사들에게 비전을 제시하는 시스템을 구축하는 것은 다른 피부 관리실과 차별화를 두는 중요한 부분입니다. 피부 관리사들에게 미래 이력서를 쓰게 해서 1년이나 2년 후 자신의 모습에 대해 고민할 수 있도록 하며 승진과 능력에 맞는 인센티브를 지급하는 것은 매우 중요합니다. 이렇게 피부 관리사의 비전과 꿈을 소중히 생각하는 경영자가 직원과 상호 협력 관계의 상승 곡선을 빠르게 탈 수 있을 것입니다.

성공 확신! 피부 관리사

처음부터 이론과 실기 및 고객 상담을 수준높게 하는 원장도 있을 테지만 그렇지 않은 원장도 있을 것입니다. 상담 매니저나 피부 관리사는 지식과 실무를 병행한 현장 경험을 바탕으로 당황하지 않고 올바른 상담을 할 수 있어야 합니다. 또한 관리적인 측면에서도 고객을 만족시켜야 하며 고객에 대한 깊은 관심은 매우 중요합니다. 예를 들어 고객 화장대 위에 어떤 제형의 홈케어 화장품이 있는지에 대해서도 체크하고 이것을 판매로 연결하되 피부 관리실의 매출을 올리는 데 우선순위를 두는 것이 아니라 고객의 피부 개선 효과를 고려하여 진심을 담아 적극적인 카운셀링을 해야 합니다. 원활한 상담 진행을 위한 칭찬 한 마디부터 자연스럽게 이어지는 티켓팅, 스킨케어와 관리 후 상담, 그리고 홈케어 판매로 인정받는 에스테티션으로 성장시킬 수 있는 진정한 경영자 마인드를 가진 전문가가 되어야 합니다.

티켓팅의 시작은 고객과의 첫 점점의 순간부터 이미 시작됩니다.

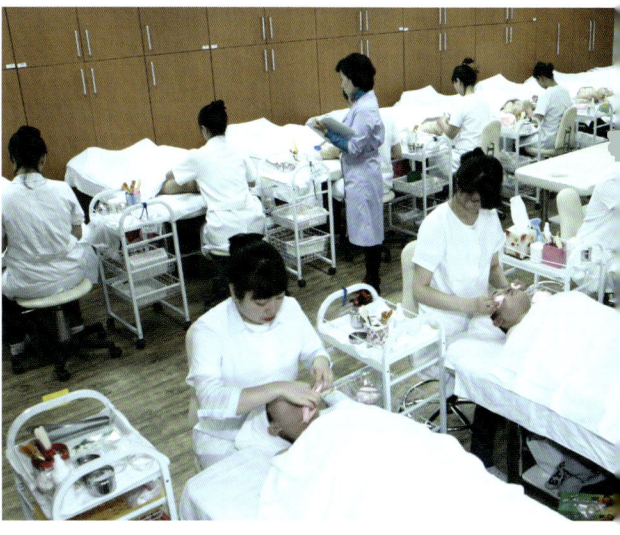

교육의 비례로 성공하는 피부 관리실

살아 있는 교육을 통해 피부 관리사들을 단순한 기능인이 아닌 경영인으로 성장시켜 나가야 합니다. 일부 피부 관리사들은 한곳에 너무 오래 있으면 퇴보한다고 생각하기 때문에 오너가 교육할 수 없는 부분이 있다면 외부 강사를 초빙해서라도 끊임없는 이론 및 실기 재교육을 시키는 것이 중요합니다. 이것은 직원에 대한 투자인 동시에 피부 관리실의 관리 수준을 높이고 직원의 자신감을 높이는 매우 중요한 일입니다.

고객 사랑의 실천

피부 관리실을 이용하는 고객들은 누구나 고객을 위한, 고객에 의한 찾아서 창의적인 서비스를 시도하는 피부 관리실을 선호할 것입니다. 경영자에게는 창의적이고 건설적인 직업 정신이 필요하고, 원장이 직접 고객 관리부터 상담, 피부 관리, 판매까지 할 수 있으면 더욱 좋습니다. 홈케어 화장품 판매의 경우에도 친절하고 프로페셔널한 모습으로 제품에 대해 정확하게 설명하는 것이 좋고, VIP 고객인 경우에는 차별화 전략으로 실력있는 원장이 직접 관리한다면 고객을 충분히 감동시킬 수 있으므로 무엇보다 실천이 중요한 것입니다.

결과로 말하는 경영자

고객에게서 고가 티켓팅을 끌어내는 것보다 고객의 입장에서 고객의 피부 고민과 피부 타입에 맞는 피부 관리를 권하면서 결과로 보여주는 것이 매우 중요합니다.

성공 가이드

피부 관리실을 꿈꾸는 자의 도전!

- 직원에 대한 아낌없는 사랑과 직원을 잘 관리하는 원장의 성공으로, 미래에 가고 싶은 시간을 상상보다 몇 배 이상 앞당길 수 있습니다. 원장이 고용한 상담 매니저나 관리실장, 피부 관리사가 일을 즐기며 기쁘게 일할 수 있도록 사랑으로 끌어안아야 합니다.
- 피부 관리실을 운영한다면서 매장만 오픈해 놓은 채 아무런 노력도 하지 않고 있지는 않나요? 손님이 오기만을 기다리지 말고 직원들과 함께 전단지도 돌리고, 다양한 이벤트와 고객 관리 및 홍보에 참여해야 합니다.
- 직원들의 개인적인 문제가 있는지, 도와줄 것이 있는지 자주 상담해야 합니다.
- 보다 창의적이면서 고객 만족을 시킬 수 있는 방법이 있는지 연구해야 합니다.
- 고객에게 관심을 보이면서 직접적인 방법이 아니더라도 D.M이나 T.M 등을 통해 찾아가는 서비스를 실천해야 합니다.
- 뚜렷한 경영 철학을 바탕으로 한 적극적인 마인드를 갖고 실천함으로써 직원뿐만 아니라 고객들에게도 긍정의 에너지가 전달되어야 합니다.

미용 예술 분야의 황금기인 요즘 고객은 매니저나 관리실장 못지않게 많은 미용 지식과 상식을 가지고 있습니다. 따라서 고객은 어느 정도의 기대 효과를 가지고 피부 관리실을 찾습니다. 또한 고객의 기대 효과를 높여주는 것도 원장이나 매니저의 능력입니다. 고객의 만족도가 높았다면 입소문을 통해 피부실을 더욱 적극적으로 홍보할 수 있습니다.

유능한 직원으로 키우기

수많은 사람들 중 똑같은 얼굴과 성격의 소유자가 없듯이 직원 개개인의 특성을 파악하고 장점을 발전시키는 것이 원장의 역할인데 원장에 따라 그 과정이 매우 다양합니다. 간혹 보면 직원에게 교육을 시키지 않고 몇 달 동안 해면을 빠르게 하거나 잔심부름을 주로 시키는 원장이 있습니다. '일을 다 배우고 나면 다른 곳으로 가지 않을까?' 라는 불안감에 휩싸이면 피부 관리실뿐 아니라 그 직원까지 발전할 수 없습니다. 유능한 직원이 많아야 고객이 찾아오고 매출로 연결되므로 직원의 실력을 키워주는 과감한 투자가 필요합니다.

• 일은 항상 즐거운 마음으로 하고 인성을 강조하며, 모범 직원에게는 포상을 하는 것이 좋습니다.
• 어려움에 처했을 때 적극적인 태도로 문제를 해결하는 방법을 가르치고, 강한 소속 의식을 갖고 항상 배우는 자세로 자주 대화할 수 있도록 마음의 문을 모두 열어놓는 것도 유능한 직원으로 키우기 위한 실천 과제로 중요한 부분입니다.

이 길을 희망하는 이유

피부 관리실 원장의 꿈을 가지고 있는 피부 관리사가 있다면 이 분야를 선택한 이유와 피부 관리실 경영을

▲ 사랑하는 국제대학교 1학년 담임반 제자들과…

통해 희망하는 비전이 무엇인지 하루에도 몇 번씩 적어보세요. 꿈은 노력한 만큼 한 걸음씩 현실로 다가옵니다.

아무리 강조해도 지나치지 않은 교육!

피부 관리실의 성공과 실패는 원장의 경영 철학을 기본으로 한 교육에 달려 있다고 해도 과언이 아닙니다. 원장과 매니저 또는 관리실장은 경쟁 상대가 아닙니다. 직원들의 성공이 곧 원장의 성공이고, 원장의 성공 또한 직원들의 자부심이며 성공입니다. 그리고 직원들을 원장의 오른팔 역할을 해줄 수 있는 사람으로 성장시키는 것이 무엇보다 중요합니다. 마인드 교육을 바탕으로 여러 가지 성공 사례나

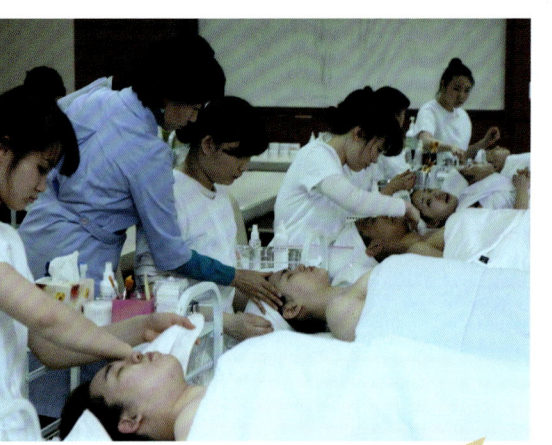

인생 지침서 등의 책을 읽고 좋았던 내용을 소개하며 매일 자극을 주거나, 비전과 꿈을 심어주는 것도 효과적입니다. 또한 관리사를 교육할 때 모든 피부관리사의 강사화를 시도하여 피부 관리에서도 얼굴 관리 담당 강사는 ○○○, 등 관리 담당 강사는 ○○○, 발 관리 담당 강사는 ○○○와 같이 모든 것을 잘하지만 담당하는 분야를 더욱 많이 공부하는 것이 중요합니다. 또한 직원들의 기를 살려주는 확실한 교육을 하는 것은 활기 넘치는 피부 관리실을 만드는 지름길입니다.

성공 가이드

이런 피부 관리실을 만들자!

- 숲 속에서 휴식을 취하는 것처럼 편안함을 제공하는 피부 관리실.
- 고객을 진심으로 사랑하는 마음으로 단순히 피부만 관리하는 것이 아니라 끈끈한 정을 느낄 수 있는 휴식 개념의 차별화된 피부 관리실.
- 스스로의 발전을 위해 끊임없이 공부하고, 직원 교육에 게을리 하지 않는 인생의 멘토 역할을 하는 학습장 분위기의 피부 관리실.
- 직원들 스스로 주인 의식을 가지고 일하면서 전 직원의 강사화로 자신감 넘치는 인성 교육을 강조하고 따뜻한 기운이 넘쳐흐르는, 고객이 찾고 싶어지는 피부 관리실.
- 본점에서 열심히 일한 직원에게 제2호점, 제3호점의 분점 오픈의 꿈과 희망을 현실로 실행시키는, 직원들에게 비전을 심어주는 피부 관리실.
- 월 1회 원장과 전 직원의 사회 환원 개념의 봉사 활동을 하는 피부 관리실.
- 직원과 고객의 건강과 성공을 진심으로 기원하는 피부 관리실.
- 열심히 일하는 직원은 능력과 실적만큼 고 연봉으로 차별화시켜 대우하며, 자존심을 지켜줄 수 있는 피부관리실.

Part 01

숍 매니저라면
예절은 기본!

피부 관리숍에서 고객을 응대하는데 있어서 기본 예절은 얼마나 중요할까요?

피부 관리를 수준높게 잘 한다 하여도 고객을 대하는 직원의 태도가 예의바르지 않고, 불쾌감을 준다면 고객들은 그 피부숍을 다시는 찾지 않을 것입니다. 요즘 같은 경쟁시대에 서비스와 기본 예절이 수준 미달이라면 그 피부 관리숍은 고객을 대하는 직원들의 마음가짐이나 이미지 디자인부터 다시 해야할 것입니다. 고객 감동시대를 넘어 고객 기절시대라고 할 만큼 고객에 대한 행동 하나하나, 말 한마디는 매우 큰 파장을 가지며 피부 관리실의 성공여부와도 직결되는 매우 예민한 부분입니다. 친절이 몸에 벨 수 있도록 하여 고객에 대한 감사함을 늘 변함없이 표현해 봅시다.

직원의 인성과
매너 교육

직원의 마음에서 우러나오는 성실도와 표정, 자세를 통해 피부 관리실의 수준을 충분히 평가할 수 있습니다. 직원들의 긍정적인 마음과 바른 자세는 피부 관리실의 이미지에도 긍정적인 영향을 줍니다.

직장을 '잠시 쉬었다 가는 곳'으로 생각하게 하기보다 '돈을 받아가면서 무엇인가 배우는 수련의 장'으로 생각하게 합니다. 직장은 하루 생활의 3분의 2를 보내는 '삶의 터전'입니다. 그곳에서의 교육이 직원들 스스로 '자신도 만나보지 못한 또 다른 자신을 만나기 위한 여행의 여정'이라고 생각한다면, 교육을 통한 노력과 수고의 대가는 헛되지 않을 것입니다.

인사 예절

인사는 상대에 대한 최소한의 예의이며 호의의 표현 수단이기도 합니다. 또한 인사는 인간관계의 윤활유이며 예절의 시작입니다. 사회생활뿐만 아니라 일상생활 속에서도 도덕과 윤리 형성의 기본 상대에 대한 존경과 애정의 표시로, 고객에게는 신뢰의 상징인 인사를 통해 원만한 인간관계 형성으로 밝고 친근한 관계가 유지될 것입니다. 따라서 인사는 절도 있고 겸허한 자세로 행합니다. 인간 사(事)에 있어서 가장 첫 번째의 절차는 매너입니다.

호감 가는 첫인상을 위해 올바른 인사법을 익히는 것은 매우 중요하므로 부족할 때는 연습이 필요합니다. 인사는 애사심, 상사에 대한 존경심의 표현, 동료 간의 우애, 고객에 대한 서비스 정신의 표현 등 자신의 교양과 인격을 다양하게 표현할 수 있습니다.

가장 기본이 되는 인사의 기본 자세는 다음과 같습니다.

원장님 한 말씀!

기본 자세

여자는 왼손 위에 오른손을 가볍게 올려서 공수한 자세에서 인사합니다.
남자는 양손을 바지 재봉선에 가볍게 대거나, 왼손을 오른손 위에 올려서 공수한 자세에서 인사합니다.

① 표정 : 밝고 환한 미소를 짓습니다.
② 시선 : 상대의 미간을 봅니다.
③ 고개 : 반듯하게 상향을 봅니다.
④ 어깨 : 자연스럽게 힘을 빼고 당당하게 섭니다.
⑤ 무릎, 등, 허리 : 자연스럽고 곧게 폅니다.
⑥ 입 : 다소곳이 다뭅니다.
⑦ 손 : 양손을 공수하여 아랫배 부분에 댑니다.
⑧ 발 : 발꿈치를 서로 붙이고, 양쪽 앞발의 각도를 20~30° 정도 벌립니다.
⑨ 인사 방법
  • 허리를 숙입니다.
  • 숙인 상태에서 1초 동안 멈춥니다.
  • 허리를 숙일 때보다 천천히 듭니다.

■ 정중례

다리를 모으고, 뒤꿈치는 붙인 상태에서 발의 앞부분은 30° 정도 벌립니다. 여자는 오른손이 위로 공수한 자세에서, 남자의 경우 손을 바지 재봉선 양 옆에 붙이거나 왼손을 위로 오게 공수한 상태에서 상체를 45° 정도 숙여서 인사합니다. 시선은 1.5m 정도 앞을 보고, 보통례보다 정중하게 인사합니다. 정중례는 주로 고객을 처음 맞이하거나 전송할 때, 깊은 감사의 뜻을 표현할 때, 잘못된 일에 대해서 사과할 때 하는 인사입니다.

■ 보통례

다리를 모으고, 뒤꿈치는 붙인 상태에서 발의 앞부분은 30° 정도 벌립니다. 여자는 오른손이 위로 공수한 자세에서, 남자의 경우 손을 바지 재봉선 양 옆에 붙이거나 왼손을 위로 오게 공수한 상태에서 상체를 30° 정도 숙여서 인사합니다. 시선은 2m 정도 앞을 보고 인사합니다. 보통례는 고객을 다시 만났을 때, 결재를 받기 위해 상사의 방을 들어갈 때, 초면에 인사를 나눌 때, 직장 상사나 고객을 맞이할 때 하는 인사입니다.

■ 목례

다리를 모으고, 뒤꿈치는 붙인 상태에서 발의 앞부분은 30° 정도 벌립니다. 여자는 오른손이 위로 공수한 자세에서, 남자의 경우 손을 바지 재봉선 양 옆에 붙이거나 왼손을 위로 오게 공수한 상태에서 상체를 15° 정도 숙여서 인사합니다. 시선은 3m 정도 앞을 보고 인사합니다. 목례는 복도, 엘리베이터 내에서와 같은 좁은 장소에서 상사를 만났을 때, 예의를 갖추기 어려운 장소나 차를 대접할 때, 동료나 친한 사람을 만났을 때 하는 인사입니다.

■ 걸을 때 인사

고객 앞을 지나거나 복도에서 상사를 만났을 때는 상대를 향해 한쪽으로 살짝 비켜선 후 목례를 합니다. 인사를 한 뒤에는 상급자나 고객이 지나간 뒤에 움직입니다. 약간의 거리가 있는 상태에서 인사할 경우에는 2~3m 가까이 다가가서 인사하고 상사가 이동을 할 때까지 기다립니다.

■ 앉아서 인사

앉은 자세에서 상체를 15° 정도 숙여 1초 동안 멈춥니다. 고개만 움직이는 인사는 삼가하고, 하던 일을 잠시 멈추고 바르게 앉아서 목소리 톤을 '솔' 톤으로 알맞게 가다듬어 인사합니다. 앉은 자세에서는 밝은 표정이 보일 수 있도록 인사합니다.

악수 예절

왼손은 배의 약간 밑부분에 가볍게 대고, 오른손은 자연스럽게 내밀어서 오른손으로 잡고 가볍게 흔들며 시선은 (눈 → 손 → 눈)을 바라보며 밝은 표정으로 악수합니다.

■ 악수할 때 주의 사항

- 상급자, 연장자, 여자가 먼저 청합니다.
- 같은 또래의 남녀 간에는 여자가 먼저 악수합니다.
- 밝은 표정으로 악수하며, 악수하는 손은 적당히 힘을 주어 잡습니다.
- 손이 더럽거나 악수를 할 수 없는 경우에는 양해를 구해도 실례가 안 됩니다.
- 장갑을 꼈을 경우에는 벗고 악수하며, 이브닝드레스와 같이 착용한 팔 부분까지 오는 긴 장갑을 낀 경우에는 장갑을 낀 채 악수를 합니다.
- 아랫사람은 악수하면서 허리를 약간(15° 이내) 굽혀 경의를 표해도 좋습니다.
- 두 손으로 악수하는 것은 실례입니다. 연장자나 동년배일 경우 손을 잡고 서로 자연스럽게 3~5회 정도 흔들어줍니다.
- 연장자의 경우 연소자의 어깨나 팔을 두드려주면서 답례합니다.
- 연장자나 직장 상사가 먼저 악수를 청할 수 있도록 연소자나 부하 직원은 인사로 대기합니다.

명함 교환 예절

환한 미소를 띤 얼굴 표정으로 반드시 일어나서 주고받는 것이 예의이며, 명함을 전하면서 이름을 말합니다. 명함은 아랫사람이 먼저 건네주며, 소개의 경우에는 먼저 소개받은 사람부터 건넵니다. 상체를 $10°$ 정도 숙이고 오른손에 왼손을 받쳐 전하는 것이 정중한 전달 자세입니다. 명함은 상대방이 바로 볼 수 있는 방향으로 건네며, 명함을 건넬 때의 높이는 가슴 정도의 위치가 적당합니다. 상사, 고객, 여성에게 먼저 주며, 명함을 받을 때도 두 손으로 받습니다.

■ 명함 주고받을 때 주의 사항

① 명함을 건네줄 때

"○○ 피부 관리실의 ○○○입니다. 잘 부탁드립니다."라고 관리실명과 이름을 밝히고 공손히 인사하면서 명함을 전합니다. 상대방이 읽기 쉬운 방향으로 정중하게 전합니다.

② 명함을 받을 때

상반신을 약간 숙이고 명함 아래쪽의 여백 부분을 잡습니다. 명함을 받은 후 상대의 회사명과 이름을 확인합니다.

③ 명함에 쓰인 한문 중에서 읽기 어려운 글자가 있을 때는 그 자리에서 "죄송합니다만, 어떻게 읽습니까?"라고 여쭤보아도 실례가 되지 않습니다. 여러 명이 방문한 경우에는 대표자가 명함을 건네고, 명함을 교환할 경우에는 지위가 높은 사람 순으로 교환합니다.

▲ 명함 주고받기

전화 예절

전화는 상대방의 얼굴을 직접 보지 못하므로 오해가 발생할 수 있고, 실수를 하기 쉬우며, 한 통화의 전화가 피부 관리실의 전체 이미지를 결정할 수도 있는 중요한 부분이므로 특별히 신경을 써야 합니다. '솔' 톤의 밝은 목소리, 목소리톤의 변화, 정확한 발음, 미소가 담긴 목소리, 간단 명료, 정중한 표현 등을 명심하여 통화해야 합니다.

직원의 전화 받는 목소리를 들어보면 그 피부 관리실의 분위기와 이미지를 어느 정도 연상할 수 있습니다. 즉 직원의 전화 예절을 통해 피부 관리실의 인성 교육 정도나 고객 관리에 대한 중요성의 인식 정도 등을 간접적으로 알 수 있습니다. 따라서 전화를 하거나 받는 순간 개인의 이미지보다 피부 관리실의 전체 이미지를 생각하면서 통화를 해야 합니다. 오른손잡이인 경우에는 전화기를 왼손으로 잡고, 오른손은 메모의 자세를 취하여 메모할 때 고객을 기다리게 하지 않도록 합니다.

① 통화 전 준비할 것들

　　필기 도구, 메모 용지, 전화번호부

② 전화 통화의 적당한 시간

　　월요일 오전을 피해서 오전 10:00~12:00, 오후 1:00~5:00,

　　점심 · 저녁 식사 시간은 피하는 것이 좋습니다.

③ 전화를 받는 방법

　　전화기는 입에서 5cm 정도 뗀 후 인사말과 함께 피부 관리실명, 성명을 말합니다.

　　예 "안녕하십니까? ○○ 피부 관리실 ○○○입니다."라고 말하면서 받고, "여보세요?" 라는 말은 사용하지 않습니다.

④ 용건은 간단 명료하게 메모

　　메모는 '날짜와 시간, 어디서, 누가, 무슨 일로, 왜, 어떻게'에 대한 요점을 기록하고, 애매한 내용이나 정확히 듣지 못한 숫자는 반드시 반복하여 확인합니다.

⑤ 전화 도중에 끊어진 경우

　　보통 전화를 먼저 건 쪽에서 다시 거는 것이 예의이나 전화를 건 사람이 상사이거나 윗사람인 경우에는 아랫사람이 즉시 먼저 거는 것이 좋습니다.

⑥ 전화를 다른 곳으로 연결해야 할 경우

　　전화를 다른 번호로 연결해야 할 경우 끊어질 경우를 대비해서 돌려줄 곳의 전화번호를 말한 후 다시 그쪽으로 바로 걸 수 있도록 합니다.

　　예 "네, 고객님, ○○번으로 돌려드리겠습니다. 혹시 끊어지면 ○○번으로 하시면 됩니다."라고 하면서 통화하려는 사람에게 전화를 연결합니다.

⑦ 전화를 끊을 경우

　　전화를 끊을 때는 정중한 인사를 하며 소속과 이름을 밝힌 후 끊습니다.

　　예 "네, 감사합니다. 행복한 하루 되십시오. 지금까지 ○○ 피부 관리실 매니저 ○○○였습니다."와 같이 말하면서 마무리합니다.

▲ 안내하는 모습

명함 등을 주고받을 때는 고객의 정면에서 상체를 10°정도 숙인 채 두 손으로 공손하게 받거나 드리며, 시선은 고객의 눈, 전달물, 고객의 눈으로 이동하면서 밝은 표정으로 전달합니다.

▲ 전달자세

안내 예절

고객보다 약간 앞서 가면서 위치나 장소가 바뀔 때마다 손으로 방향을 가리키며 정중하게 안내합니다. 이때 손은 손가락이 벌어지지 않도록 주의합니다. 고객이 궁금해 하지 않도록 안내할 장소를 미리 말합니다. 코너를 돌 경우에는 고객을 향해 보면서 가야 할 방향을 손을 모아서 안내합니다. 계단을 이용할 경우에는 항상 고객보다 아래쪽이 되도록 하며, 문 앞에서 안내 시 들어가는 문은 안내자가 먼저 들어가고 고객이 뒤따르게 합니다.

밝은 표정으로 고객과 눈을 마주친 뒤 안내하고, 다시 미소와 함께 눈을 마주칩니다. 사람을 가리킬 경우에는 반드시 두 손으로 가리키며, 방향을 가리킬 때는 시선도 함께 따라갑니다. 상체를 지시 방향으로 약간 숙이면서 정중하게 손가락을 모아서 가리킵니다.

오른쪽은 오른손, 왼쪽은 왼손으로 가리키며, 뒤쪽 방향은 몸 전체를 돌려서 가리킵니다. 가까운 곳의 팔의 각도보다 먼 곳의 팔의 각도가 더 넓도록 하여 되도록 쭉 펴서 가리킵니다. 시선은 고객의 눈, 가리키는 방향, 고객의 눈으로 이동하며 고객이 이해했는지 확인합니다.

원장님 한 말씀!

기분을 Up시키는 멘트를 날려보자

전화 사용 3원칙
- 전화벨은 3번 울리기 전에 받습니다.
- 통화는 되도록 3분 안에 끝냅니다.
- 상대방보다 3초 후에 끊습니다.

감동의 첫 인사 멘트
- "안녕하십니까? 아름다움을 드리는 ○○ 피부 관리실입니다. 무엇을 도와드릴까요?"
- "사랑합니다, 고객님. ○○ 피부 관리실 ○○○입니다."
- "감사합니다. 자신감을 드리는 ○○ 피부 관리실 ○○○입니다."

늦게 받았을 때
"늦게 받아 죄송합니다. ○○○ 피부 관리실 ○○○입니다."

수화기를 내려놓을 때
상대방보다 나중에 소리 나지 않도록 내려놓습니다.

감동의 마무리 인사
"고객님, 안전 운전하십시오."
"고객님, 건강하십시오."
"네, 감사합니다."

수명(受命) 예절

상사의 명령이나 지시를 받을 때는 반드시 필기 도구를 준비한 다음 상사의 말을 경청하며 요점을 기록합니다. 말을 가로막지 않으며, 끝까지 지시 내용을 잘 듣습니다. 지시받은 일의 목적과 상급자의 생각, 방침을 확실히 파악합니다. 육하원칙에 의하여 정확히 기록하고 의문나는 점은 다시 질문하며 정확히 확인합니다. 다른 상급자로부터 지시받은 경우에 자기의 직속 상급자에게 내용을 보고합니다.

보고할 때의 예절

보고 내용과 자신의 의견과는 확실히 구분합니다. 일이 끝나는 대로 즉시 보고하며, 일의 진행 과정이 복잡하여 시간이 걸릴 때는 중간 보고를 하여 진행 상황을 알립니다.

결론을 먼저 말하고 과정은 나중에 설명합니다. 지시한 사람이 제일 궁금해 하는 것은 그 일의 결과입니다. 보고 순서는 결론, 내용, 경과 그리고 소견 순으로 사실에 입각하여 객관적인 보고를 합니다. 보고는 지시한 사람에게 직접하며 정확한 수치나 데이터를 가지고 보고합니다.

음 ~ 저 ~, 그게, ~ 대략 ~ 등 애매모호한 말은 삼가야 합니다.

접대 예절

✳
고객을 자리에 안내한 후
"고객님, 저의 숍에는 아로
마차, 녹차, 꿀차, 둥글레차
가 있는데 무엇으로 드시
겠습니까?"라고 여쭤본 후
서비스합니다. 선택권이
없이 무조건 접대하는 커
피나 녹차 등은 고객을 만
족시키지 못하므로 주의합
니다.

고객에게 차 한 잔은 분위기를 좋게 해주는 효과가 있습니다. 정성된 마음을 담아 모든 고객에게 대접하며 밝은 표정으로 인사하고, 직급과 관계없이 방문한 고객부터 차를 대접합니다. 차를 타기 전에 찻잔의 깨짐 유무와 청결도를 체크합니다. 차를 서빙할 때는 먼저 목례를 한 후 사이드 테이블에 쟁반을 놓은 뒤 잔이나 컵의 입에 닿지 않는 부분을 잡고 소리가 나지 않도록 주의하며 탁자에 내려놓도록 합니다. 통로가 복잡하여 고객에게 가까이 갈 수 없을 때는 도움을 청합니다. 서비스가 모두 끝나서 퇴실할 때는 쟁반을 허리 옆쪽에 세워서 잡은 뒤 가볍게 인사하고 밖으로 나옵니다.

성공 가이드

눈맞춤과 친절 서비스

살아가면서 다른 사람과 눈을 마주치지 않고 생활한다는 것을 상상해 보셨나요? 사람이 싫어질 때 우리는 눈을 마주치고 싶어하지 않습니다. 눈맞춤은 동료나 고객과의 관계에서도 매우 중요한 부분입니다. 따뜻한 눈길에서 친절함이 전달됩니다. 우리는 아침에 눈을 떠서 잠들 때까지 눈을 뜨고 생활하는데 하루에 눈 마주침을 몇 번이나 하는지 생각해 보아야 합니다. 환한 미소의 눈맞춤을 잘하는 사람이 되어보세요. 막연하게 보이는 것을 그냥 쳐다보는 것이 아니라 고객과 눈을 마주치고 느낌을 주고받는 것이 중요합니다. 사소한 눈길에서 고객에게는 친절함이 전달되고 상사에게는 직원의 근무 의욕이 전달됩니다.

가끔 피부 관리실을 방문했을 때 형식적인 인사를 받거나 아무도 눈을 마주치지 않아 곤혹스러웠던 경험이 있을 것입니다. 또는 직장에서 동료나 상사가 하루 종일 자신과 눈도 마주치지 않고 외면하고 있어서 불안했던 경험도 있을 것입니다. 눈을 마주치지 않는 것은 아무리 열심히 일을 해도 화난 듯 느껴질 수도 있고, 상대에게 오해를 불러일으킬 수도 있습니다. 눈을 마주치지 않으면 불만이 있거나, 자신감이 없거나 무시하는 행동으로 비칠 수 있습니다. 친절 테크닉의 기본인 미소 띤 눈맞춤으로 친절의 의지를 보여주고, 짧은 시간이지만 관심을 표하면서 고객의 욕구를 알아낼 수 있습니다. 눈을 살짝 크게 떠서 동공을 키우고, 입꼬리에 자연스럽게 힘을 주어 올리면서 고객의 눈을 바라보세요. 이때 고객을 뚫어지게 주시하지 않도록 주의해야 합니다.

직원의
기본 자세

2

직원들 중에 시키는 일도 제대로 못하는 직원이 있고, 시키는 일만 잘하는 직원이 있고, 또 시키지 않은 일까지 찾아서 하는 직원이 있습니다. 이 글을 읽고 있는 여러분은 앞으로 피부 관리실 원장이 된다면 어떤 직원을 채용하시겠습니까? 피부 관리사로서의 기본 마인드, 자세, 예절, 언어 구사 능력, 뛰어난 테크닉을 가진 직원은 교육으로 이루어집니다. 잘 짜인 옷감이나 수없이 부딪히고 닳아져서 매끈한 돌처럼 거칠지 않고 뛰어난 직원의 기본 자세를 바라기 전에, 마음을 움직일 수 있는 경영자의 존경받을 만 한 철학과 아낌없는 피부관리사에 대한 투자가 우선시되어야 합니다.

마인드

행복한 사람은 본인이 하고 싶은 일을 하면서 일과 상황을 즐기고, 보람을 얻으며 성장해 가는 사람입니다. 피부 관리사는 고객에게 변화를 주고 기쁨을 줌으로써 보람을 얻는 직업으로, 현재뿐만 아니라 향후 매우 유망한 직종으로 손꼽히고 있습니다. 피부 관리실의 성공과 실패는 그 안에 함께하는 직원들의 기본 소양 및 고객에 대한 사랑이 넘치는 마음가짐에 달려 있습니다.

직업에 대한 자부심과 열정을 다해서 본인의 꿈을 스케치해 나가는 프로의식이 필요하고, 삶을 유지하기 위한 생업 수단보다는 비전을 가지고 자발적으로 행하는 행위 예술로써 승화시키는 것이 피부 관리사의 멋진 모습이 아닐까요?
마인드는 만질 수도 잡을 수도 없으며 돈으로 환산할 수도 없습니다. 고객은 가슴 가득 만족감을 느낄 수 있게 하는 직원들의 따뜻한 마음과 도와줄 것이 없는지 늘 준비하는 자세, 친절한 미소를 기다립니다. 따라서 귀를 통해 들어오는 언어보다는 몸과 눈빛으로 보여주는 언어의 중요성을 인지하는 것이 중요합니다. 이러한 것들이 정이 넘치고 사랑이 가득한 고객의 쉼터 개념의 피부 관리실로 만들어주고 성공으로 가는 지름길입니다.

용의 상태

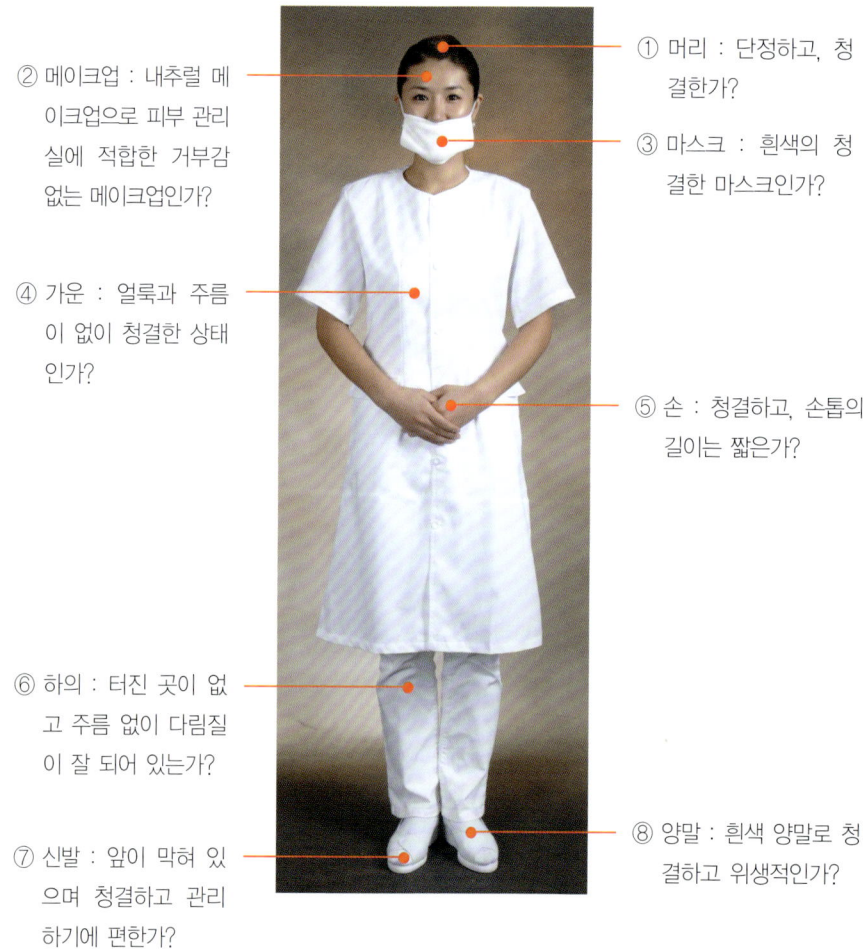

② 메이크업 : 내추럴 메이크업으로 피부 관리실에 적합한 거부감 없는 메이크업인가?

④ 가운 : 얼룩과 주름이 없이 청결한 상태인가?

⑥ 하의 : 터진 곳이 없고 주름 없이 다림질이 잘 되어 있는가?

⑦ 신발 : 앞이 막혀 있으며 청결하고 관리하기에 편한가?

① 머리 : 단정하고, 청결한가?

③ 마스크 : 흰색의 청결한 마스크인가?

⑤ 손 : 청결하고, 손톱의 길이는 짧은가?

⑧ 양말 : 흰색 양말로 청결하고 위생적인가?

피부 관리사의 용의 상태 체크 리스트(월)

성명/날짜	권경숙							김수야							오순균						
	헤어	메이크업	가운	명찰	손톱	양말	신발	헤어	메이크업	가운	명찰	손톱	양말	신발	헤어	메이크업	가운	명찰	손톱	양말	신발
1																					
2																					
3																					
≀																					
29																					
30																					

상담(티켓팅 & 홈케어 화장품 판매)

"피부 관리를 한 번 받아보고 나서 티켓팅하겠습니다."라고 말하는 고객이 있습니다. 이러한 고객에게 강하게 권유해서 10회 티켓팅을 시도하거나 선택의 기회를 주지 않으면 고객은 재방문을 부담스러워할 수 있습니다. 이 경우에는 1회 관리의 만족도에 따라서 결정할 수 있도록 고객에게 선택권을 줍니다. 상담 이후 관리할 때는 처음 권유했던 때와 마찬가지로 일관성 있는 피부 관리를 해주는 것이 매우 중요합니다. 홈케어 제품을 판매할 때도 관리를 하면서 자연스럽게 권했던 제품을 상담 매니저가 다시 반복해서 권한다면 고객은 제품에 대해서 호기심을 갖고 먼저 상담을 요청 할 수도 있습니다. 이와 같이 원장과 매니저, 피부 관리사의 통일성 있는 상담을 통해 믿음이 형성될 경우 고객은 기대 효과와 신뢰를 가지고 관리를 받으면서 만족스런 피부 관리가 가능하도록 합니다.

■ 고객에게 어떤 화장품을 피부에 바르도록 권할 것인가?

일주일에 한두 번 피부 관리실에서 관리받는 것만큼 고객의 화장대 위에 놓인 어떤 화장품으로 피부를 가꾸느냐가 중요합니다. 처음부터 너무 강하게 권하면 고객이 거부감을 느낄 수 있으므로 피해야 하고, 자연스럽게 고객에게 화장품 사용의 연계성이 얼마나 중요한지를 각인시킬 필요가 있습니다. 예를 들어 O/W 제형의 화장품을 사용해야 할 고객이 W/O 제형의 피부에 맞지 않는 화장품을 사용하거나, 미백 기능성 화장품을 사용해야 하는 고객이 주름 개선 기능성 화장품을 사용한다면 올바른 관리가 아닙니다. 따라서 고객의 피부 특성과 고민을 잘 파악하고 화장품을 판매한다면 고객입장에서의 제대로 된 상담이라 할 수 있습니다.

고객의 피부에 따른 상담 사례

• 고객이 지성 피부인 경우

"고객님은 여드름을 동반한 지성 피부이기 때문에 보습과 딥 클렌징은 물론 모공 관리가 매우 중요합니다. 특히 대청소 개념의 딥 클렌징은 주기적으로 기간을 정해서 관리를 꼭 받는 것이 좋습니다. 저희 숍에서는 고객님께 클로렐라와 숯을 이용해 중점적으로 관리하고 있습니다. 다른 많은 고객들이 좋은 반응을 보였던 프로그램인데, 지성 전용 집중 프로그램을 추천해 드립니다."

• 고객이 건성 피부인 경우

(기분 나쁘지 않게 ~ 상담실의 거울에 고객 얼굴을 보여주면서) "고객님은 피부가 고우신데 약간 건성 피부이면서 미세한 잔주름이 자리를 잡으려고 하는 단계입니다. 건성 피부는 피지가 많이 나오는 피부에 비해서 노화 피부로 진행이 빨리 될 수 있는 가능성이 있습니다. 저희 숍에서는 콜라겐, 히아루론산, 시어 버터 등을 이용해 특수 관리를 하고 있습니다. 따라서 고객님은 저희 숍에서 피부 관리를 하는 동시에 평소 수분을 충분히 섭취하고, 수분 라인 제품으로 꾸준히 홈케어 관리를 하면서 데이크림 및 자외선 차단제를 사용하면 큰 효과를 볼 수 있습니다. 아울러 저희 숍의 보습 프로그램을 적극 추천해 드립니다."

• 고객이 노화 피부인 경우

"고객님은 색소 침착은 없으셔서 얼굴의 명도는 높지만, 현재 피부의 탄력성이 떨어지면서 미세 주름에서 표정 주름, 그리고 눈가의 선상 주름 및 얼굴의 도형 주름과 같은 굵은 주름으로까지 진행될 가능성이 매우 높습니다. 고객님의 피부 재생과 탄력 향상을 위하여 저희 숍에서 제공하는 노화 특수 라인을 받아 보세요. 콜라겐 관리 및 벨벳 특수 마스크 등으로 구성된 프로그램이 인기가 매우 좋으므로 적극 추천해 드립니다."

■ **피부 관리실 입구**

직원들이 모두 일어나 고객을 반갑게 맞이합니다.

》》》모두 : 안녕하십니까? 고객님. (공수한 자세에서 인사합니다.)

》》》매니저 : 어서 오십시오. 고객님. (고객에게 다가가며)

(방향을 가리키며) 이쪽으로 오시겠습니까?

》》》보조 관리사 : 고객님 많이 추우시죠?

저희 숍에는 아로마차, 녹차, 꿀차가 준비되어 있습니다.

무엇으로 준비해 드릴까요?

》》》고객 : 아로마차가 좋겠네요.

》》》보조 관리사 : 예. 알았습니다. 바로 준비해 드리겠습니다.

》》》매니저 : 고객님, 오늘 아이섀도 색상이 참 잘 어울리시네요. 상의와 연결이 잘 되어 너무 예쁘세요. 피부가 고우셔서 그런지 어떤 색상도 잘 어울리시는 것 같아요.

》》》고객 : 정말요? 고마워요.

》》》매니저 : 코디 감각이 뛰어나시네요. 평소에 의상이나 메이크업, 액세서리 등 매치를 잘 하시는 것 같아요. 지난번 관리 후에 불편한 점은 없으셨나요?

》》》고객 : 네. 만족스러웠어요.

》》》매니저 : 네~. (미소)

》》》보조 관리사 : 아로마차 준비해 드리겠습니다. 좋은 시간 되십시오.

》》》고객 : 네, 감사합니다.

차를 모두 마신 후 상담실로 이동 (매니저는 차트를 훑어봅니다.)

■ **상담실**

》》》매니저 : 제가 고객님을 처음 뵙고 차트를 작성했을 때와는 차이가 많이 나네요. 기대했던 것보다 피부 상태가 더 빨리 좋아졌어요. 고객님도 느끼시죠? 지복합성 피부에 색소 침착도 매우 심했는데 짧은 시간에 많이 좋아진 것 같아요. (미소) 앞으로 고객님이 홈케어 관리 조언대로 피부 관리 외에 댁에서 충분한 양의 물과 비타민 제품을 평소 꾸준히 드시면서 홈케어 전용 화장품으로 정성스런 관리를 병행하신다면 더욱 좋아지실 거예요.

》》》고객 : 그런가요. 저는 바빠서 집에서 잘 관리를 못하는데 관리를 받으면서 홈케어에 신경 쓰면 정말 많이 좋아질까요?

》》》매니저 : 네, 물론입니다. 화초도 만져주고 물 잘 주고 거름 잘 주면 더 잘 자라면서 오래 건강한

것처럼 고객님의 피부도 주기적으로 관리하고, 좋은 것을 발라주면 하루가 다르게 좋아집니다. 제가 특별히 새로 출시된 고가의 다이아 미백 라인 농축 에센스를 이용해서 관리해 드리겠습니다. 그리고 무엇보다 숍에서 관리받을 때 중요한 것이 아니라 댁에서 사용하는 홈케어 화장품이 더 중요합니다. 결론적으로 피부에 맞는 화장품을 사용하는 것이 중요하죠. 특히 자외선 차단제 바르는 것 잊지 마시고요.

≫≫고객 : 아, 네~ 너무 감사합니다. (끄덕이며)
   마침 저도 어떤 제품이 좋을까 고민하던 중이었는데……. 지난번에 보여주었던 신문에 났던 화장품 아닌가요? 매우 비싸던데, 혹시 그것을 집에서 바르는 화장품으로 구입도 가능한가요?
≫≫매니저 : 물론입니다. 그 화장품의 기능이 워낙 좋아서 입고되자마자 판매가 바로 되는데, 오늘 마침 재고가 1개가 있어요. 써보면 만족하실 거예요. 홈케어 제품은 고객님들께 판매하면서 1 대 1 역매로 특별 액세서리 사은품을 드리고 있습니다. 오늘 가져가실 수 있도록 하나 준비해 드릴까요?

≫≫고객: 네, 준비해 주세요. 계산은 카드로 함께 해주고요.
≫≫매니저 : 예, 알았습니다. VIP 관리실로 모시겠습니다. 잠시만 기다려 주십시오.

≫≫보조 관리사 : 고객님, 잠깐의 시간이지만 기다리시는 동안 볼 수 있도록 신간 잡지와 신문이 준비되어 있습니다. 필요하시면 준비해 드릴까요?
≫≫고객 : 네, 잡지로 주세요.
≫≫보조 관리사 : 네, 여기 있습니다. (준비된 잡지를 두 손으로 고객께 드립니다.)
   (VIP 관리실의 준비를 확인하고, 고객을 안내해 드립니다.)

≫≫보조 관리사 : 고객님, VIP 관리실이 준비되었습니다. 안내해 드리겠습니다.
   이쪽으로 오십시오.

■ 엘리베이터를 이용해야 하는 경우
엘리베이터 안내자가 따로 없는 경우 안내자가 버튼을 누르고 "실례하겠습니다."라고 말한 후 먼저 엘리베이터에 탑니다. 고객이 타는 동안 열림 버튼을 누르고 기다립니다.
≫≫보조 관리사 : 고객님 VIP 관리실 ○○층으로 안내해 드리겠습니다.
   (엘리베이터 문이 열리고) 고객님 ○○층 VIP층에 도착했습니다.
   (손으로 방향을 가리키며) 관리실로 안내해 드리겠습니다.

■ 탈의실
관리실장은 고객의 긴장 완화와 안정을 위해 아로마향을 피우고 기다립니다.
≫≫보조 관리사 : (손으로 방향을 제시하며) 탈의실에서 옷을 갈아입고 나오시면 됩니다.

■ 관리실

》》보조 관리사 : (고객이 옷을 갈아입고 나오면 베드로 안내합니다.) 이쪽으로 누우십시오.

(고객이 눕는 것을 도와드리고, 실내화를 보이지 않게 안으로 정리합니다. 고객이 누운 베드 이불을 잘 정리하고, 고객이 보이는 옆에서 공수하여 인사한 후 퇴장합니다.)

》》보조 관리사 : 곧 관리실장님이 들어오실 겁니다.

편안한 시간 되십시오. (인사 후 퇴장합니다.)

(관리실장 등장, 인사)

》》관리실장 : 안녕하십니까? 관리실장 유○○입니다. 고객님, 혹시 불편하신 곳은 없으십니까?

》》고객 : 네~ 없어요. 아로마향이 참 좋네요.

》》관리실장 : 네, 고객님이 관리받는 동안 편히 쉬실 수 있도록 라벤더를 사용했습니다. 라벤더는 긴장 완화와 스트레스 해소에 도움을 주는 아로마입니다.

그러면 관리를 시작하겠습니다.

---

① 관리사는 손을 소독한 다음 고객의 포인트 메이크업을 지운 후 베이스 메이크업을 클렌징합니다.
② 티슈 오프, 해면, 온습포를 사용하여 마무리합니다.
③ 고객의 피부 상태를 정확히 확인하여 피부 분석표를 작성합니다.
④ 눈썹을 고객의 얼굴형에 맞게 잘 빗어준 후 깔끔하게 정리합니다.
⑤ 피부 타입에 따라 딥 클렌징 제품을 선택하여 사용합니다.
⑥ 피부에 맞는 제품으로 매뉴얼 테크닉을 시행합니다.
⑦ 티슈 오프, 해면, 온습포를 사용하여 닦아줍니다.
⑧ 피부 타입에 따른 팩제를 합니다.
⑨ 팩을 마무리하고 냉습포한 후 기초 제품을 꼼꼼히 바릅니다.

》》관리실장 : (팩을 올리면서)

지금하는 팩은 색소 침착과 미백 관리에 도움이 되는 비타민 팩입니다.

차갑습니다.(잠자고 있거나 말하는 것을 싫어하는 고객에게는 말을 하지 않습니다).

✴

• 고객이 지성 피부인 경우
 – 티트리, 클로렐라, 숯, 포어 타이트닝 팩을 사용합니다.
 – 모공 관리와 피지 조절 및 진정, 보습에 탁월한 효과가 있습니다.
• 고객이 건성 피부인 경우
 – 콜라겐, 히아루론산 팩 등을 사용합니다.
 – 수분 및 보습 관리와 지친 피부를 건강하게 해줍니다.
• 고객이 노화 피부인 경우
 – 콜라겐, 진주, 인삼 팩 등을 사용합니다.
 – 피부 재생, 신진대사 촉진 및 거친 피부를 부드럽게 해주는 효과가 있습니다.

》》》관리실장 : (베개를 받쳐주면서) 고객님, 팩을 하는 동안 불편하지 않도록 베개를 받쳐드리겠습니다.
(관리를 마친 후)

》》》관리실장 : 고객님, 관리가 모두 끝났습니다. 관리는 만족스러우셨습니까?

》》》고객 : 네, 정말 좋네요.

》》》관리실장 : 감사합니다, 고객님. 저에게도 의미 있는 시간이었습니다. 보람을 느끼게 해주셔서 감
  사드립니다. (관리실장 인사 후 퇴장하면서 매니저 등장)

》》》매니저 : 고객님, 따로 불편하신 곳은 없으십니까?

》》》고객 : 네. 너무 좋았어요. (마무리 관리사는 실내화를 내어주면서 고객이 일어나는 것을 도와줍니다.)

》》》매니저 : (손으로 방향 제시하며) 고객님, 탈의실에서 옷 갈아입고 나오시면 됩니다.

(고객이 나오면 외투, 가방, 액세서리를 챙겨드립니다.)

》》》매니저 : 고객님의 코트와 소지품입니다.

》》》고객 : 네. 감사합니다.

■ 상담실

》》》매니저 : 이쪽으로 앉으십시오. (고객을 편안한 소파로 안내합니다.)
  고객님, 피부가 더욱 화사해지셨어요.

》》》고객 : 정말요? 그런가요?

》》》매니저 : 네. 꾸준히 관리를 받으면 더욱 좋아질 겁니다. (달력을 보여주며)
  다음 예약은 언제로 잡아드릴까요? 다음주 수요일이나 목요일 중 오후 3시경에 오시면 여유 있
  게 관리를 받을 수 있으세요. 할인도 받으시고요.
  (여유 있는 시간대로 미리 제안하는 것도 고객이 한꺼번에 오는 것을 막을 수 있는 좋은 방법입
  니다.)

》》》고객 : 제가 수첩을 놓고 와서요. 스케줄표 봐야 하는데, 우선 다음주 목요일 3시로 예약하겠습니다.

》》》매니저 : 네, 알겠습니다. 그럼 다음주 목요일 3시로 예약해 드리겠습니다.
  혹시 중간에 예약을 변경하게 되면 미리 연락을 주십시오.

》》》고객 : 알았어요. 고마워요. (자리에서 일어나며)

》》》매니저 : 고객님, 감사합니다. 다음 예약일에 뵙겠습니다.

》》》모두 : 감사합니다. 안녕히 가십시오. (공손히 공수한 자세에서 인사합니다.)

■ 후 관리

(후 관리사가 고객 차트를 보며 전화를 합니다.)

≫고객 : 네, 권현정입니다.

≫후 관리사 : 안녕하십니까? 고객님! IVY 피부 관리실 권혜영입니다. 통화 가능하십니까?

≫고객 : 아, 네….

≫후 관리사 : 지난번에 받으셨던 미백 관리 이후에 홈케어를 조언대로 하고 계시죠?

≫고객 : 네, 잘하고 있어요.

≫후 관리사 : 항상 저희 관리실에서 조언해 드리는 대로 잘 실천해 주셔서 감사드립니다.
고객님의 다음 예약일은 지난번 말씀하신 ○월 ○일 오후 3시인데 변동 사항 없으시죠?

≫고객 : 그렇지 않아도 전화 드리려고 했는데 전화를 주셨네요. 저의 다음 예약일은 요일은 같고 3
시에서 4시로 변경해 주세요.

≫후 관리사 : 아, 그러십니까. 변경해 드리겠습니다. (예약 노트를 확인한 후)
고객님께서 말씀하신 다음주 목요일 ○일 오후 4시로 예약을 변경해 드리겠습니다. 혹시 제가
더 도와드릴 다른 사항은 없습니까?

≫고객 : 네, 괜찮습니다. 감사합니다.

≫후 관리사 : 네. 고객님, 오늘도 좋은 하루 되십시오.
지금까지 IVY 피부 관리실 권혜영이었습니다. 감사합니다. (고객이 전화를 먼저 끊은 것을 확인
하고 전화를 끊습니다.)

3월 교육 후기 체크 사항

NO.	성 명	연락처	참석 현황 15일	참석 현황 20일	대표적인 교육 후기
1	손현정		○	○	매우 유익하고, 실무에 도움이 될 수 있는 교육이었습니다.
2	백혜주		○	○	필요했던 교육이었고, 매우 수준 있는 교육이었습니다.
3	김민진		○	○	알고 있는 내용이었지만 복습의 개념으로 유익했습니다.
4	이수정		○	○	자신을 다시 돌아볼 수 있게 해준 유익한 교육이었습니다.
5	서지우		○	○	마무리의 핵심 요약이 매우 좋았습니다.
6	신진우		○	○	실기 부분에서 자세한 교육이 매우 유익했습니다.
7	조선자		○	○	경영학 강의가 비전을 갖게 해주는 유익한 강의였습니다.
8	이수야		○	○	질문에 자세한 답을 주셔서 도움이 많이 되었습니다.
9	우혜미		○	○	다양한 프로그램으로 이루어진 교육이어서 유익했습니다.

배려와 겸손

항상 배려와 겸손을 아끼지 않으시는 권혜영 강사님의 모습이 인상적이었습니다. 제 나이 40세이지만, 항상 자신을 반성하는 부분이 되기도 합니다. 늘 삶의 목표는 배움에 있고 그것을 통해 발전할 수 있다는 꿈이 있습니다. 이번 교육을 통해 그 꿈을 자극하고 도전하며 인내하는 법을 실전을 통해 부딪치면서 목표를 향해 한 걸음 한 걸음 나아갈 수 있는 발판으로 삼겠습니다.

이 기회를 통해 제게 부족한 배려와 양보를 키우고, 나보다 남을 배려하며 고객 한 분 한 분의 마음을 움직이는 고객 감동을 실천할 것입니다.

이제 삶의 반을 살아버린 시점에서 내 꿈의 도전과 목표를 보다 구체적으로 심어준 것에 감사드리며, 부족한 사람이지만 힘 닿는 데까지 열심히 하고 싶습니다. 내 자신을 반성하며 매니저로서의 인격과 자질을 갖춘 자가 되기 위해 끊임없이 노력하고, 교육받으며 새로운 자신을 꿈꾸어 보겠습니다. 눈을 감을 때까지 꿈과 사랑과 따뜻함이 있는 삶이 진정 성공한 삶이 아닐까 합니다. 감사합니다.

이소연

잊지 못할 열정의 시간들

첫 만남을 가진 지 얼마 되지 않은 것 같은데 시간이 정말 빠르네요. 이제 곧 헤어질 날이 다가오고 있어요. 그동안 정말 많은 정보를 전해주시고, 저희들이 힘들어지쳐 있을 때 웃으며 이끌어 주시는 강사님의 모습 때문에 저희도 웃을 수 있었던 것 같습니다. 강의하실 때 저희 모두가 집중할 수 있고, 머릿속에 오래 남을 수 있게 도와주신점, 정말 감사합니다. 처음에는 이론을 설명하면서 롤플레잉 방식으로 진행하는 게 어색하고 힘들었습니다. 하지만 이제는 가는 시간을 붙잡고 싶을 만큼 아쉽고 서운합니다. 강사님의 작은 체구에서 뿜어나오는 열정을 정말 닮고 싶네요. 건강 잘 관리하시고, 앞으로 더더욱 성장하시리라 확신합니다. 저희와의 인연이 일시적인 것이 아닌, 꾸준히 이어나갈 인연이기를 바랍니다. 감사합니다. 강의 열정이나 몸가짐, 마음가짐 등 본받을 게 많아서 잊지 못할 것 같아요.

안대진

전 학생의 프로화!

강사님!

강의 시작 전에 보여주신 시나 글, 동영상 등은 늘 마음에 깊이 와 닿았습니다. 특히 박지성 PPT를 볼 때는 감동의 눈물이 흐르더군요. 정말 감동이었어요. 강사님은 항상 책에 있는 내용보다 더 많은 지혜를 알려주시는 친절한 분이세요. 강의의 마무리 핵심 요약이 끝난 후 가졌던 '거꾸로 강사인 저를 알려주세요' 시간에는 질문도 많이 하셨고, 반복의 연속이어서 많이 긴장되었어요. 하지만 재미도 있었고, 이해도 잘 되고, 머릿속에 쏙쏙 입력되어서 유익했습니다. 애정 담긴 강의와 강사님의 열정 덕분에 더 열심히 일하게 되는 원동력이 되었습니다. 감사합니다.

이미현

지쳐 있는 사람들에게 오아시스 같은 존재

강의 시작 전에 감동 영상이나 좋은 글귀를 전해주는 강사님 덕분에 하루 종일 힘이(자신감) 생겼고, 가슴 뭉클한 인간미도 느낄 수 있는 참 좋은 시간이었습니다. 작은 체구지만 힘이 느껴지는 말투와 액션, 강사님은 제 스타일입니다. ^^ 좋은 정보 하나라도 더 알려주려는 마음을 읽을 수 있었습니다. 앞으로도 건강관리 잘 하시고, 지쳐 있는 사람들에게 오아시스와 같은 용기를 주셨으면 합니다. 감사합니다. 사랑합니다.

정소희

꿈과 미래를 당신에게

강사님 덕분에 미래 이력서도 써보았습니다. 강사님 말씀대로 제 책상 앞에는 미래 이력서가 붙어 있습니다. '최종 목표 피부 관리실 원장+피부 강의!' 교육받는 내내 기술적으로 얻는 것도 많았지만, 강사님의 강의를 들을 때마다 정말 마음에 와 닿는 점이 너무 많았어요. 인간적인 여러 가지를 배우고 가는 것 같아서 하루하루 정말 보람되고 좋았습니다. 저를 포함해서 모든 사람의 꿈과 미래를 위해서 계속 힘내 주시고, 파이팅입니다!

김예림

가슴 두근거림의 미래 계획 시간들

강사님의 마인드 교육을 받고 난 후 저의 가슴이 두근거렸습니다. 저의 비전을 가지고, 다시 꿈을 꿀 수 있었습니다. 나이를 먹으면서 차츰 꿈이 사라져 갔고, 구체적인 방법을 몰라서 자주 넘어졌어요. 실패도 많이 했고, 직장 생활을 하는 시간은 너무 따분해서 힘들었습니다. 사무실에서 시간을 보내고 난 후에 남은 것은 돈 뿐이더군요. 그러던 어느 날 마사지를 받게 되었는데 그 시간이 정말 행복했습니다. 관리를 받는 그 시간만큼은 천국에 온 기분이었습니다. 그래서 피부 관리사에 관심이 생겼고, 이 일이라면 저도 행복하게 일할 수 있을 것이라는 확신을 갖게 되었어요. 제가 관리를 받았을 때 행복했던 것처럼 고객에게 행복감을 줄 수 있는 최고의 피부 관리사, 고객들의 마음을 움직일 수 있는 멋진 피부 관리사로서 빛나는 사람이 되고 싶습니다. 여성들을 위한 피부 관리 전문 회사의 멋진 경영인이 될 것입니다. 감사합니다.

김승희

작은 공간에서 우리의 사랑은 그렇게 …

과장님을 만난 지도 벌써 한 달이 다 되어 갑니다.

처음 과장님을 만난 그날이 생각납니다. 바늘로 찔러도 피 한 방울 나올 것 같지 않은 모습으로, 정열과 열정이 불타오르는 눈빛으로 제 앞에 서 있던 과장님의 모습이 말입니다. 마인드 교육 때 한 마디 한 마디 가슴으로 강의하셨던 이야기는 지금까지도 생생하게 기억납니다. 그런 에너지가 어디에서 나오는지 강의를 듣는 매 시간마다 눈동자조차 움질일 수 없었습니다. 과장님, 저는 참 인복이 많은 사람입니다.

지금까지 살아오면서도 그렇게 생각했는데, 이곳에 와서도 절실히 느끼고 있습니다. 힘든 교육 기간이었지만 과장님께서 뿜어내는 정열과 열정의 에너지 덕분에 여기까지 왔습니다. 그 에너지의 효과가 앞으로 얼마나 갈지는 모르겠지만 저도 목표를 향해 열심히 달리겠습니다.

과장님, 감사합니다. 그리고 너무 사랑합니다.

최현주

인생의 마지막 도전의식을 갖게 하다

강사님의 열정적인 교육을 들으면서 전에 일할 때의 제 모습을 떠올려봤습니다. 꿈도 없이 하루하루 시간을 보내는 생활이었지요. 그런데 강사님은 다시 처음부터 시작한다는 생각으로 내 인생의 마지막 도전을 해보자라는 마음을 갖게 해주셨습니다.

매니저의 역할을 잘 해내고, 후에 피부 관리실 원장의 꿈을 실현하기 위한 구체적인 목표를 설정했습니다. 앞으로 하루하루 제 자신을 체크하면서 생활하는 모습을 행동으로 보일 계획입니다. 강사님처럼 '마음짱'이 되고 싶습니다. 교육 내내 감사했습니다.

이수영

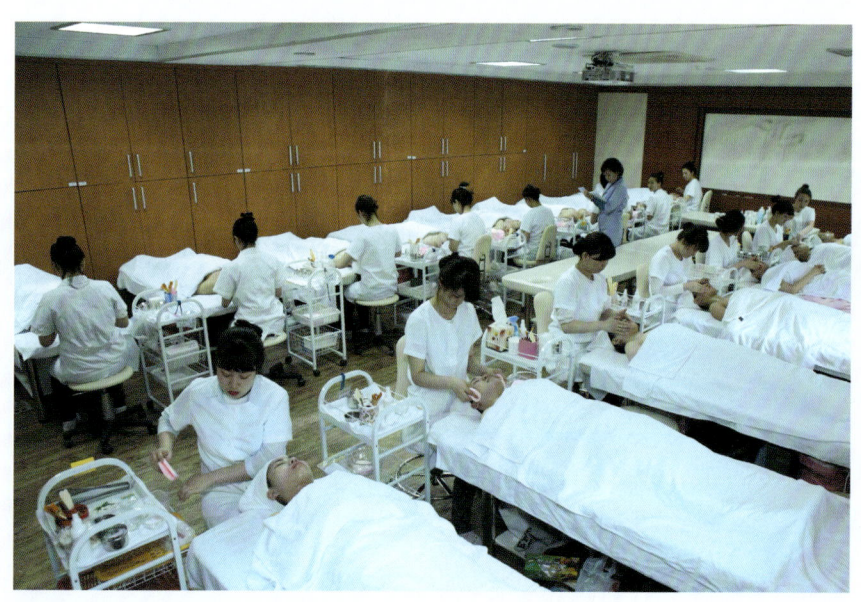

Part 02
한 걸음 더!
두뇌 향상 연봉 올리기

자신의 몸값은 지금까지 스스로 투자해온 배움의 시간들과 다양한 경험에 의한 결과물입니다. 시간당 4,000원을 버는 사람과 시간당 100만원을 받는 사람이 있습니다. 이는 그들이 살아오면서 노력한 과정과 결과에 대한 차이에서 나옵니다. 그 차이는 글로 표현하기 힘들 만큼 클 것입니다. 각 직원이 쌓아온 경력에 대한 최소한의 예우는 기본이겠지만 직원의 입장에서는 무엇보다 큰 물고기를 알아보는 눈을 가진 경영자를 만나는 일은 행복하고 보람된 일입니다. 평소에 열심히 하고 결과물로 충성심의 마음을 말하는 직원에게 자기계발비와 파격적인 인센티브를 주는것. 그 직원의 급성장과 피부관리실의 목표치 도달을 가져올 것입니다. 결과에 관계 없이 근무연수에 따른 똑같은 승진과 급여체계는 망하는 지름길입니다.

꿈꾸는
숍의 디자인

숍 내부의 인테리어 디자인보다 삼중주의 하모니가 더 중요합니다. 즉 고객을 사로잡을 수 있는 상담 기술을 가진 상담 매니저, 그 뒤에서 전반적인 경영을 잘하는 경영자, 고객과 가장 가까이서 교감하고 넘치는 사랑의 마음으로 관리하는 피부 관리사의 환상적인 삼중주로 함께 성장해 나갈 수 있는 숍의 분위기를 디자인해 봅시다. 사람보다 귀한 재산이 있을까요?

구성원

■ 상담 매니저

상담 매니저는 원장과 피부 관리사의 중간 다리 역할을 잘해야 합니다. 물론 상담 매니저는 고객과 상담할 때도 매우 중요한 존재이지만, 원장에게도 외부 고객 이전에 내부 고객의 중요성이 큰 것만큼 상담 매니저의 역할은 중추적 성질을 가지고 있습니다. 상담 매니저의 교육은 처음부터 끝까지 피부 관리실의 전반적인 것을 소화하고, 원장과 경영자의 마인드로 일을 하는 것이 중요합니다. 마인드의 차이와 얼마나 깊은 범위의 피부 관리실의 문제점과 개선점을 파악하고 실천으로 옮기느냐는 매우 중요하며, 피부 관리실의 성공과 실패까지도 결정할 수 있습니다. 상담 매니저의 서비스 정신은 고객을 사랑하는 마음이 밑바탕에 있어야 하고, 돈으로 환산할 수 없는 눈에 보이지 않는 진정한 마음과 눈빛으로 대하는 상담자가 되어야 합니다. 그리고 형식적인 일을 하는 매니저가 아니라 프로의식과 고객의 아름다움을 위한 중요한 존재로서의 매니저, 주인의식을 가지고 끊임없이 자기와의 싸움에서 포기하지 않고 연구하며 창의적으로 시도하는 매니저, 상담 스킬 및 테크닉만큼 중요하게 여기는 교감과 정이 넘쳐나는 상담 매니저가 되어야 합니다. 아울러 피부 관리사들을 잘 챙기면서 아낄 줄 아는 매니저, 상담뿐만 아니라 바쁠 때는 피부 관리도 할 수 있고, 고객 관리 및 클레임을 처리하며, 한가한 시간에는 직접 원장과 전단지 들고 외부로 홍보도 나가자고 먼저 말할 수 있는 경영자 마인드를 가진 매니저, 이러한 매니저가 이 시대가 원하는 멀티플레이어로서의 상담 매니저의 아름다운 모습이 아닐까요?

원장은 매니저로 하여금 가슴 안에서 불타는 열정과 사랑을 토해내고, 피부 관리실에 집중하기를 원하고 있습니다. 이것이 자기와의 새로운 만남이 되면서 성장의 발판이 될 것이라고 확신합니다.

❋

성공하고 싶으면 두드려라

- 학교에 담당 전공 과목 교수가 있는 것처럼 부위별 혹은 영역별 케어 전문 교육 관리사를 배출시킵니다.
- 가까운 곳에서 성공 사례를 만들어 보여줍니다.
- 매니저에게 홈케어용 화장품을 지급하더라도 제품의 효과를 인지시켜서 고객들에게 성공 모델로서 확인할 수 있도록 합니다.
- 고객 만족을 위해 개인의 기분은 개입시키지 않고 평정심을 유지시키는 것이 바람직합니다.
- 경력자로 100% 채우지 말고 초보를 뽑아서 담당 교육 관리사에게 맡겨 완벽하게 교육할 수 있도록 교육 체계를 만듭니다.

■ 경영자

수많은 피부 관리실을 다녀보면 예외적인 부분도 있겠지만 원장과 직원들의 이미지가 비슷하다는 것을 느끼게 됩니다. 그렇다면 원장은 피부 관리사나 상담 매니저에게 어떤 존재일까요? 본인들이 몸담고 있는 곳에서 미래의 성공 모델로 삼고, 인생의 멘토로 자리 잡혀 있다면 그 원장은 이미 성공의 길로 가고 있는 것입니다.

우리가 음식을 먹을 때 일반 음식점도 좋지만, 호텔이나 고급 레스토랑을 선호하는 것은 왜일까요? 내부 인테리어나 분위기, 그리고 그 안에서 서비스를 제공하는 사람들의 몸짓이나 배려, 감동의 선물 때문이 아닐까요? 원장은 매순간이 촬영을 하는 무대에 있고, 내·외부 고객을 만나는 순간마다 스포트라이트를 받고 있다고 생각해야 합니다. 원장은 탤런트화를 시도하고, 사랑하는 마음과 몸짓, 대화, 정성을 다하여 내·외부적으로 자기 관리를 해야 하고, 이미지 연출 및 성공 사례를 발굴하면서 시각화를 생활화해야 합니다.

'고객이 오면 오나 보다, 가면 가나 보다'가 아니라 직원이나 VIP 고객 중에서 연구 대상을 정해 꾸준히 관리하는 방법으로 관리 전과 후의 비교 사진을 숍에 붙여 놓고 고객들의 관심을 끌 수 있도록 해야 합니다. 그리고 이벤트적인 특별 관리 프로그램을 진행하거나, 함께하는 직원들이 늘 이벤트와 새로운 건설적인 생각을 하면서 행복을 느끼면서 실천할 수 있도록 노력해야 합니다. 피부 관리실을 들어서자마자 원장의 이미지가 너무 뚱뚱하거나 관리하지 않은 피부에 다듬어지지 않은 말투, 그리고 정성스럽지 않게 고객을 관리한다면 고객은 기대 효과를 느끼지 못할 것입니다. 따라서 카리스마 있는 원장의 절도 있으면서 개성을 살린 신뢰감을 주는 목소리이거나, 사투리를 사용하지만 친근함을 주는 유머러스한 말투 등 이상적으로 생각하는 원장의 이미지를 목표로 세워서 실천하는 것도 좋은 방법입니다.

하루에도 시간날 때마다 입꼬리를 올려서 웃는 연습을 하고, 원장 자신의 이름과 피부 관리실에 자존심을 걸고 긍정의 힘을 믿고 최선을 다하는 원장이 되어보세요. 직원들에게 일을 시킨 후 그들이 열심히 일하기만을 바라기보다는 스스로 몸소 보여주면서 직원들이 따라올 수 있게 하는 원장, 매니저나 직원들 사이에서 문제가 발생했을 때 깊이 있는 마음의 문을 열 수 있도록 만들어주는 원장이 되어보세요. 상담을 하기 전이나 관리에 들어가기 전에 고객에게 직원을 멋있게 소개해서 직원들의 기를 살려주면 직원들도 기분 좋게 일할 수 있고, 고객들도 기대 효과를 가지고 상담 및 관리를 받을 수 있습니다. 이렇게 활기 넘치는 피부 관리실을 만들어 보세요. 칭찬하는 원장의 모습은 아름답습니다.

■ 직원

피부 관리실의 인력 부족과 이직 문제는 원장들이 가장 많이 고민하고 가장 힘들어하는 부분일 것입니다. 이윤 추구를 위해 영업하는 장소이지만, 교육장이라는 마음가짐으로 직원들을 교육시키고, 약간의 부담을 주어 파트별 피부 관리의 전 직원의 강사화를 시도해 보는 것도 좋은 방법일 것입니다.

교육을 하면서 스킬이 늘고, 자신감을 얻은 피부 관리사는 신규 피부 관리사가 입사해도 책임지고 피부 관리의 테크닉을 직접 교육한다면 처음부터 경력자를 높은 급여로 채용하지 않고도 피부 관리실이 급성장할 수 있는 좋은 방법이 아닐까요? 이렇게 하려면 직원들에 대한 배려 및 복지 혜택에도 많이 신경을 써야 합니다.

관리사들이 오래 있고 싶어 하는 피부 관리실과 그렇지 않은 피부 관리실은 분명 큰 차이가 있습니다. 배움의 장을 만들고, 사랑이 넘치는 곳이면서 직원을 소중히 생각하고 실천하는 피부 관리실은 많은 직원들도 함께하기를 원할 것입니다.

원장님 한 말씀!

미래와 비전이 있는 피부 관리실

- 썩은 물고기가 탁류에 쓸려 내려가듯 무기력하고 수동적으로 움직이는 것이 아니라, 스스로 일을 찾아서 하고 싶고 오래 있고 싶은 피부 관리실로 만들어봅시다.
- 일을 하고 싶은 피부 관리실의 분위기를 만들기 위한 끊임없는 생각과 노력, 실천이 필요합니다.
- 피부 관리사 국가자격증을 취득할 수 있도록 처음에는 강사를 초빙하거나 외부의 강의를 단체로 들어서 공부하게 합니다. 그리고 전 직원의 강사화를 시도하여 과목별·관리별 지정 강사로 정해 주고, 스스로 공부하고 공유할 수 있는 성공 피부 관리실의 모델을 만드는 데 초점을 맞춥니다.
- 처음에는 부자연스럽고 자신감이 없어도 계속 추진한다면 관리사 스스로도 크게 발전할 것입니다.

실무 테크닉!
프로로 거듭나기

위생과 청결, 다섯 가지의 종류별 테크닉, 그리고 고객에 대한 배려와 관심, 사랑의 전체적인 테스트인 국가자격시험을 위한 기본적인 준수 사항 및 실기 테크닉을 공부하여 프로로 거듭나봅시다.

국가자격증(피부) 대비

1 Face 1단계 – 준비 및 위생 관련 작업(5분)

작업명 얼굴 관리 및 피부 분석표 작성

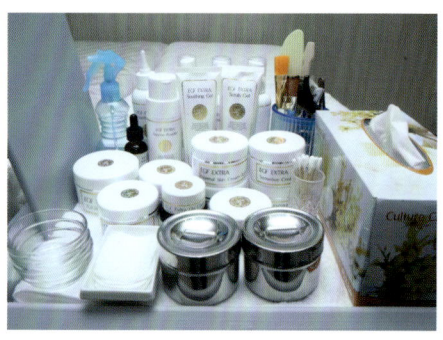

번호	소품 및 부자재	수량	번호	소품 및 부자재	수량
1	관리사 위생복(흰색 반팔 티셔츠)	1	32	거즈(효소, 제모시)	필요량 (2매)
2	휴지통 또는 비닐봉지	1	33	면봉	필요량
3	관리사 위생복(흰색 바지)	1	34	아이패드	필요량
4	차트 받침판	1	35	면봉통	1
5	관리사 흰색 양말	1	36	플라스틱 스파출러 (중 · 소 클렌징/팩용)	3개
6	웨곤(정리대, 희망자에 한함)	1	37	볼(bowl)	9
7	관리사 흰색 실내화	1	38	라텍스 장갑	1
8	볼펜(검은색)	1	39	습포 정리 바구니	2
9	마스크(흰색)	1	40	보관통(컵형, 스파출러, 붓 등)	2
10	눈썹용 족집게	1	41	티슈(피부 미용 전용)	필요량
11	관리사 머리망(긴머리의 경우)	1	42	제모용 부직포(7×20cm)	1
12	일반 솜	필요량	43	해면 볼(대아) 소	2
13	여성 모델용 속가운(핑크색 밴드형)	1	44	탈컴 파우더(제모용)	필요량
14	미용 솜	필요량	45	진정 로션 또는 젤(알로에 등)	1
15	여성 모델용 겉가운(일반형)	1	46	매뉴얼 테크닉 크림(Facial) : 모든 피부용	1
16	남성 모델용 가운 (박스형 흰색 티셔츠 & 남색 반바지)	1	47	아이크림	1
17	고객 슬리퍼(색상 무방)	1	48	오일(Body용) : 모든 피부용	1
18	가위(눈썹, 제모용), 칼	1	49	클렌징 로션(모든 피부용)	1
19	나무 스파출러(제모용)	1	50	건성 전용 크림 팩	1
20	대형 타월(100×180cm, 흰색)	2	51	메이크업 리무버	1
21	펜 브러시(눈썹 정리, 제모)	1	52	중성 전용 크림 팩	1
22	중타월(65×130cm, 흰색)	1	53	AHA	1
23	종이컵 100ml(제모용)	1	54	지성 전용 크림 팩	1
24	마른 소타월(35×80cm, 흰색)	6	55	효소(엔자임 파우더)	1
25	팩 붓	2개 이상	56	립 크림	1
26	알코올 및 분무기	1	57	스크럽제(슈가스크럽)	1
27	습포(35×80cm)	필요량 (7개 이상)	58	영양 크림	1
28	정리용 바구니	1	59	고마쥐 크림	1
29	헤어밴드(벨크로형=찍찍이형)	1	60	스킨 토너(모든 피부용)	1
30	보관통(원형 밧트 소), 화장 솜, 알코올 솜	2개	61	지퍼백 : 온습포 넣어 놓을 용도	1
31	해면(클렌징, 딥, 마사지, 팩)	필요량 (8개 이상)	62	• 고무 모델링 • 석고 • 고무볼 • 베이스크림	각 1

준비물품

추가 선택 사항

- 앰플 1개(모든 피부용)
- 자외선 차단제(물리적 자외선 차단제)
- 1회용 팬티(핑크)
- 차트 받침판
- 개인용 타이머(소리나지 않는 것)

- 타월류는 비슷한 사이즈의 경우에는 무방
- 팩과 딥 클렌징을 제외한 나머지 올 스킨 타입으로 준비
- 기타 필요한 재료의 지참은 무방
- 제모용 왁스, 고객 피부 분석 카드는 공단에서 제공

제1과제 얼굴 관리 및 피부 분석표 작성

시험 시간 85분(준비 작업 시간 및 위생 점검 시간 제외)

〈요구 사항〉

- 작업 전 화장품 및 사용 재료를 작업에 편리하도록 작업대에 정리합니다.
- 베드는 시트 또는 대형 수건을 미리 세팅한 후 모델을 그 위에 누워 있게 하되, 작업에 적합하도록 복장 및 헤어밴드를 착용합니다.
- 베드 세팅, 장비 및 재료의 준비, 개인 및 기구를 소독한 후 감독위원이 점검할 때까지 대기합니다.
- 다음의 과정에 따라 모델에게 피부 미용 작업을 하면 됩니다.

순서	작업명	요구 내용	시간	비고
1	피부 분석표 작성	제시된 피부 타입 및 제품을 적용한 피부 관리 계획을 작성하시오.	10분	피부 타입별 특징을 숙지할 것
2	클렌징	적합한 제품을 이용하여 포인트 메이크업을 지우고 안면을 클렌징한 후 코튼이나 해면을 이용하여 제품을 제거하고 피부를 정돈하시오.	15분	화장 솜으로 감독관이 닦아보았을 경우 묻어나지 않아야 함
3	눈썹 정리	족집게와 가위, 눈썹 칼을 이용하여 얼굴형에 맞는 눈썹 모양을 만들고, 보기에 아름답게 눈썹을 정리하시오.	5분	뽑은 눈썹은 감독 확인 후 버릴 것(한쪽 눈썹에만 작업)
4	딥 클렌징	스크럽, AHA, 고마쥐, 효소의 네 가지 타입 중 모델의 피부에 적합한 제품을 선택하고, 각 제품에 맞는 방법을 이용하여 얼굴 부위에만 딥 클렌징한 후 피부를 정돈하시오.	10분	제시된 지정 타입 사용
5	손을 이용한 관리 (매뉴얼 테크닉)	화장품(크림 또는 오일 타입)을 관리할 부위에 도포하고, 기본 동작을 적절하게 사용하여 관리한 후 피부를 정돈하시오.	15분	해면, 온습포, 토너 정리 약 1분 정도와 마사지 시간을 체크해서 시간이 초과되지 않도록 주의
6	팩 및 마무리	팩을 위한 기본 전처리를 실시한 후 피부 타입에 적합한 제품을 선택하여 얼굴 및 쇄골 아래 3cm 정도까지 적당량을 도포하고, 일정 시간 경과 후 팩을 제거하고 피부를 정돈하시오.	10분	• 팩을 도포한 부위는 코튼으로 덮지 말 것
7	마스크 및 마무리	마스크 시행 전 전처리를 해준 후 지정된 제품을 사용하여 관리부위에 작업하시오.	20분	마스크 마무리 최종 마무리 하시오.

〈수험자 주의 사항〉

- 수험자는 반드시 위생복, 마스크 및 실내화를 착용해야 하고, 복장 등에 소속 등을 나타내거나 암시하는 표시가 없어야 합니다(전 과제 공통 사항).
- 수험자는 수험 중에 지정된 자리를 이탈하거나 다른 수험자와 대화 등을 할 수 없으며, 질문이 있는 경우는 손을 들고 감독위원이 올 때까지 기다립니다(전 과제 공통 사항).
- 클렌징할 때 사용하는 해면과 코튼은 반드시 새것을 사용하고, 과제 시작 전 사용에 적합한 상태를 유지하도록 미리 준비합니다(전 과제 공통 사항).
- 수험자는 작업에 필요한 습포를 시험 시작 전 미리 준비해야 하며, 시험 중 시험 장소를 벗어날 수 없습니다(전 과제 공통 사항).
- 필요 시 각 단계에 따른 마무리(습포, 토닝 전돈 등)를 하고, 잔여물이 남지 않도록 해야 합니다(전 과제 공통 사항).
- 모델은 반드시 화장(파운데이션, 마스카라, 아이라인, 아이섀도, 적색 계열의 입술 화장 등)이 되어 있어야 합니다(남자 모델의 경우도 동일).
- 관리 계획표는 미용사(피부) 국가기술자격시험에 맞는 시술 방법이 아니라 실제 현장에서의 피부 관리 작업이라고 가정하여 작성합니다.
- 관리 계획표는 흑색 볼펜이나 청색 볼펜만 사용하여 작성합니다.
- 팩과 딥 클렌징 제품을 제외한 제품은 올 스킨 타입을 사용합니다.
- 팩은 피부 타입에 따라 크림이나 젤 타입을 선택하여 사용하고, 붓이나 스파출러를 사용하여 시술 부위에 도포합니다.
- 손을 이용한 피부 관리를 할 때는 기본 동작을 적절히 사용해야 하고, 속도 및 강약 조절, 밀착감, 리듬감 및 유연성이 있어야 합니다.
- 제시된 전체 시험 시간 안에 모든 작업과 마무리 작업, 주변 정리 정돈을 끝내야 하며, 총 시험 시간을 초과하여 작업하는 경우는 당해 과제를 0점 처리합니다.

❷ Face 1단계 – 피부 분석 차트 작성(10분)

주어진 피부 분석표를 이용하여 관리 목적 및 기대효과를 써 주며 클렌징 딥클렌징 등을 써 주며 고객관리 계획과 가정관리 조언을 기입합니다.

❸ Face 2단계 – 클렌징(15분)

모두 준비되었으면 Face 2단계인 안면 클렌징으로 들어갑니다.

– 알코올로 손을 소독한 후 눈물의 pH7.4에 맞춰진 포인트 메이크업 리무버를 이용해서 포인트 메이크업을 클렌징합니다.

– 피부 타입과 화장 정도에 따른 제품 선택을 신중하게 한 후 2/4박자로 가볍게 베이스 메이크업 클렌징합니다.

- 티슈오프를 한 후 깨끗한 면을 이용해서 해면을 닦습니다. 온장고에 준비된 온습포를 이용해서 귀와 코가 보이지 않게 숨 쉬는 데는 지장이 없도록 코의 구멍은 덮지 않은 상태에서 얼굴을 닦아줍니다.
- 수건 끝에서부터 깨끗한 면을 이용해서 눈 → 이마 → 코 → 볼 → 입 → 턱 → 데콜테 순으로 닦고, 목을 닦으면서 수건을 자연스럽게 빼줍니다. 수건을 정사각형에 가깝게 반으로 접어서 다리미판처럼 구겨짐이 없이 만든 후 다시 한 번 덜 닦인 부분을 깨끗하게 닦아줍니다.

❹ Face 3단계 – 눈썹 정리하기(5분)

가위, 팬브러시, 콤브러시, 족집게, 알코올 등을 잘 세팅한 후 시술에 들어갑니다.

눈썹을 정리할 때에 알코올솜으로 소독을 한 뒤 실시한다. 눈썹을 족집게나 가위를 이용해서 수정하는데, 눈썹결에 따라 콤브러시로 빗어서 고객의 얼굴형에 맞는 눈썹 모양을 결정한 뒤 보기에 아름답게 눈썹을 가위나 족집게를 이용하여 정리합니다. 고객이 아프지 않도록 텐션을 주고 눈썹이 난 방향으로 족집게를 이용해서 뽑습니다. 왼손의 약지나 중지에 젖은 화장 솜을 끼워놓은 상태에서 눈썹 뽑은 것을 올려서 감독관에게 보인 후 휴지통에 버립니다. 알코올을 이용해서 손 소독을 합니다.

❺ Face 4단계 – 딥 클렌징(10분)

피부 타입과 고객 관리 차트에 맞는 딥 클렌징 제품을 스크럽, 효소, 고마쥐, AHA의 네 가지 타입 중 시험당일 지정 제품을 선택하고, 각 제품에 맞는 방법을 이용하여 얼굴 부위에만 딥 클렌징을 한 후 피부를 정돈합니다.

① 스크럽 : 건성 피부, 노화 건성, 각질이 두꺼운 지성 피부(성분 : 천연 흑설탕의 미네랄 성분으로 묵은 각질을 벗겨냅니다.)

② 효소(엔자임) : 지성 피부, 건성 피부(파파야에서 추출한 파파인 식물성 효소 복합체가 묵은 각질을 벗겨주며, 대사 작용에 의해 노폐물 제거가 용이합니다(미지근한 물에 게서 사용).
 · 젖은 붓으로 발라주며 효소 도포 후 적은 아이패드를 올리고 거즈를 얼굴에 올려준 뒤 온도와 습도를 잘 맞춰주기 위해 온습포를 올려줍니다.

③ 고마쥐 : 약간 민감한 피부, 건성 피부, 노화 피부(성분 : 카오린, 베타인 성분이 피지 흡착 효과 탁월)
 · 귀를 막아 헤어밴드를 채우고 양쪽에 휴지를 마름모 모양으로 깔아준 뒤 어느 정도

마르면 근육 결에 따라 각질을 탈락시켜 줍니다.

④ AHA(성분 : 과일산이 미백과 콜라겐 합성을 촉진시키는 딥 클렌징입니다.) 반드시 면봉으로 바르고 냉습포를 사용합니다. 10% 이하로 사용해 주며 민감을 제외한 모든 피부에 좋으며 색소 침착, 악지성, 블랙헤드, 화이트헤드 등이 있는 고객에게 사용합니다.

6 Face 5단계 – 수기 안면 매뉴얼 테크닉(15분)

손을 이용한 얼굴 관리는 화장품(크림 또는 오일 타입)을 관리할 부위에 도포하고, 기본 동작을 적절하게 사용하여 관리한 후 피부를 정돈합니다.

데콜테 → 목 → 턱 → 입 → 볼 → 코 → 눈 → 이마 순으로 쓰다듬기(경찰법 : Effeulage), 문지르기(강찰법 : Friction), 반죽하기(유연법 : Petrissage), 두드리기(고타법 : Tapotement), 진동법(Vibration)의 다섯 가지를 골고루 넣어서 근육이 밀리지 않도록 기본에 충실하면서 연결성, 리듬감, 4/4박자에 맞춰서 속도에 유념하면서 마사지합니다.

⊛ 시험 시 딥 클렌징과 팩을 제외하고는 모두 올 스킨 타입으로 사용합니다.

7 Face 6단계 – 팩 도포 및 마무리(10분)

팩을 위한 기본 전처리를 실시한 후 피부 타입에 적합한 제품을 선택하여 얼굴 및 쇄골 밑 3cm까지 적당량을 도포하고, 일정 시간 경과 후 팩을 제거한 후 피부를 정돈합니다.

모델 (피부) 타입에 따른 팩 제품 사용하기

① 지성 전용 크림 팩(티트리)
② 건성 전용 크림 팩(히아루론산)
③ 중성 전용 크림 팩(티트리 오일)
④ 복합성 전용 크림 팩(비타민A, 콜라겐), 또는 T존(지성 전용 크림 팩), U존(건성 전용 크림 팩) 사용

⊛
· 팩을 도포한 부위는 코 튼으로 덮지 않습니다.
· 젖은 아이패드를 올리고, 젖은 거즈를 입술에 올려줍니다.
· 고객에 대한 배려로 팩을 올린 후 목베개를 해 줍니다.

8 Face 7단계 – 마스크(10분)

① 마스크(고무, 석고)는 얼굴에서 목 경계부위까지로 작업한다.
② 마스크를 위한 기본 전처리를 실시한 후 일정시간 경과 후 마스크를 제거하고 최종마무리 한다.

전신 관리

시험 시간 35분(준비 작업 시간 및 위생 점검 시간 제외)

〈요구 사항〉

• 팔, 다리 관리를 하기 위한 준비 작업을 합니다.

   − 화장품 및 사용 재료는 작업에 편리하도록 작업대에 정리합니다.

   − 모델을 시술에 적합하도록 준비합니다.

   − 제모 부위의 체모가 긴 경우 제모하기에 적합한 길이로 자릅니다.

• 아래 과정에 따라 감독위원이 지정하는 2개 부위에 피부 미용 작업을 하면 됩니다.

순서	작업명	요구 내용	시간	비고
1	클렌징	모델의 오른쪽 팔, 오른쪽 다리에 화장수를 사용하여 관리 부위를 가볍고 신속하게 닦아내시오.	25분	클렌징, 팔, 다리 관리, 마무리 ※ 팔(10분), 다리(15분)
2	손을 이용한 관리 (매뉴얼 테크닉)	관리 부위에 화장품(크림 또는 오일 타입)을 도포하고, 기본 동작을 적절하게 사용하여 관리하시오.		
3	제모	왁스 워머에 데운 핫 왁스를 필요량만큼 용기에 덜어서 시술에 사용하고, 다리 하퇴 외측면 부위에 왁스를 부직포 길이에 적합한 면적만큼 도포한 후 체모를 제거하고 제모 부위의 피부를 정돈하시오.	10분	4~5~12~14cm 이상 제모 제모는 좌·우 구분 없음

〈수험자 주의 사항〉

• 전신 관리 대상 부위를 제외한 나머지 부위는 노출되지 않도록 모델용 가운 또는 수건 등으로 덮어둡니다.

• 손을 이용해 피부를 관리할 때 기본 동작을 적절하게 사용해야 하고, 밀착감과 속도 및 강약 조절, 리듬감 및 유연성이 있어야 합니다.

• 제모는 다리 한쪽만 실시하며, 부직포를 떼어낸 후 왁스 작업한 부위에 체모가 완전히 제거되지 않았을 경우 족집게 등으로 잔털 등을 제거합니다.

• 제모는 7×20cm 정도의 부직포를 이용하여 작업할 수 있을 정도의 부위를 제모해야 합니다.

• 제시된 전체 시험 시간 안에 모든 작업과 마무리 작업을 끝내야 하며, 총 시험 시간을 초과하여 작업하는 경우는 당해 과제를 0점 처리합니다.

1 Body 1단계

1. 준비 및 위생 관련 작업하기

2. 클렌징하기

3. 수기 전신 마사지 (오른쪽 팔, 다리 매뉴얼 테크닉, 제모의 경우 왼쪽 오른쪽 관계 없음)

쓰다듬기(경찰법 : Effeulage), 문지르기(강찰법 : Friction), 반죽하기(유연법 : Petrissage), 두드리기(고타법 : Tapotement), 진동법(Vibration)의 다섯 가지를 골고루 넣어 기본에 충실하면서 연결성, 리듬감, 4/4박자에 맞춰서 속도에 유념하며 몸을 실어 시선은 손끝을 따라가면서 매뉴얼 테크닉 합니다.

원장님 한 말씀!

제모 관리

온 왁스
고형의 굳어 있는 왁스를 왁스 포트에 데워 녹여서 사용하는 왁스를 의미합니다.

온 왁스의 준비 사항
침대, 정리대, 고객 가운, 관리사 가운, 알코올, 화장 솜, 족집게, 타월, 수술용 장갑, 탈컴 파우더(talcum powder), 휴지통, 클렌저, 진정 로션 및 젤, 왁스 용해를 위한 가열 기구 왁스 중탕기(wax warmer : 왁스 중탕기는 온 왁스의 경우에만 필요), 온 왁스, 나무주걱(왁스를 바르는 데 사용), 면 부직포(7×20cm), 가위, 마른 수건

온 왁스의 시술 순서
① 제모 전 시술을 위해서 적당한 온도로 가열시켜 놓습니다(손 소독 후 제모용 장갑을 낍니다).
② 고객의 제모할 부분 밑에 수건을 깔아줍니다.
③ 털을 제모하기 적당한 1~1.5cm의 길이로 자릅니다. 털이 6mm 이하로 지나치게 짧은 경우 제모의 효과가 떨어집니다(대부분이 다리의 경우 자르지 않고 실시합니다).
④ 털이 나 있는 방향을 체크하고, 겨드랑이는 모류의 방향에 따라서 여러 등분으로 나눈 후 제모해야 하므로 방향을 잘 체크합니다(국가자격시험 시 다리 제모 실시).
⑤ 제모할 부위를 소독합니다(알코올 이용).
⑥ 탈컴 파우더를 털의 반대 방향으로 발라줍니다.
⑦ 나무 스파츌러를 이용해 왁스를 깔끔하게 종이컵에 덜어놓고 팔목 안쪽의 온도를 체크합니다.
⑧ 털이 난 방향대로 스파츌러를 45도 정도의 각도로 잡고 왁스를 고르게 발라준다.
⑨ 부직포를 왁스 바른 피부 위에 올려놓고 털이 난 방향으로 압력을 주며 쓸어줍니다.
⑩ 시술자의 한 손은 고정하고 털이 난 반대 방향으로 피부를 당겨주면서 부직포를 털이 난 반대 방향으로 빠르게 떼어줍니다.
⑪ 즉시 진정 젤이나 로션을 제모 부위에 발라주고 흡수시킵니다.
⑫ 1차 제모 후에 제모되지 않은 털은 족집게를 이용해서 털이 난 방향대로 제거합니다(제모한 털은 휴지통에 버리지 않고 감독관에게 확인시킨 후 버립니다).

왁싱 후 주의할 점
• 왁싱 후 24시간 안에 사우나, 수영, 목욕, 땀을 흘리는 운동, 선탠을 피하며, 왁싱 부위에 향수나 스프레이의 사용을 금합니다.
• 꽉 조이는 속옷, 스타킹이나 옷은 삼가합니다.
• 민감한 피부의 경우 피부가 잘 짓무르고 세균 감염의 위험이 있으므로 항균 로션을 사용하여 사후 관리를 잘 해야 합니다.

제3과제 림프를 이용한 피부관리

시험 시간 15분(준비 작업 시간 제외)

〈요구 사항〉

• 사용 재료는 작업에 편리하도록 작업대에 정리합니다.

• 모델을 작업에 적합하도록 준비합니다.

• 아래 순서에 따라 모델에게 피부 미용 작업을 하면 됩니다.

순서	작업명	요구 내용	시간	비고
1	림프를 이용한 피부 관리	적절한 압력과 속도를 유지하며 목과 얼굴 부위에 림프절 방향에 맞추어 피부 관리를 실시하시오.	15분	에플라쥐 동작은 시작과 마지막에 하시오.
2	마무리 및 위생 관리	관리 부위에 대한 마무리와 주변 정리 등의 위생관리를 하시오.		

〈수험자 주의 사항〉

• 전신 관리 대상 부위를 제외한 나머지 부위는 노출되지 않도록 모델용 가운 또는 수건 등으로 덮어둡니다(단, 팔은 노출이 가능합니다).

• 림프 드레나쥐는 에플라쥐한 뒤 목 부위부터 시작하고, 림프절 방향으로 시술하며, 림프절의 방향에 역행되지 않도록 주의합니다. 적절한 압력과 속도를 유지하고, 정확한 부위에 실시합니다.

• 제시된 시험 시간 안에 모든 작업과 마무리 작업, 주변 정리 정돈을 끝내야 하며, 총 시험 시간을 초과하여 작업하는 경우는 당해 과제를 0점 처리합니다.

실기 이미지

① 실기 교육 – 마사지 테크닉

■ 포인트 메이크업 클렌징

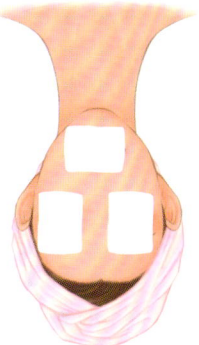

01 화장 솜에 포인트 메이크업 리무버를 묻혀 눈과 입술에 올려놓은 뒤 살짝 눌러준다.

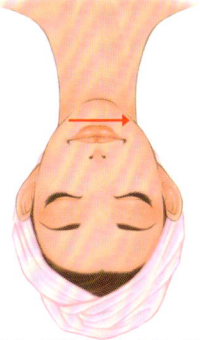

02 입술 위의 화장 솜을 오른쪽으로 살짝 누르며 닦아낸다.

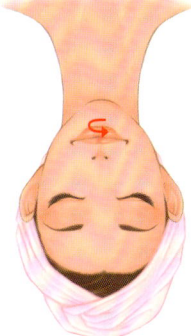

03 화장 솜을 중지 사이에 끼워 아랫입술을 2회 닦아준다.

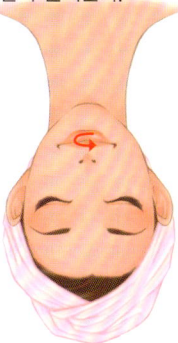

04 화장 솜을 중지 사이에 끼워 윗입술을 닦아준다.

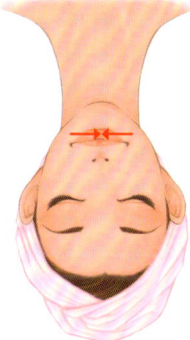

05 화장 솜을 반으로 접어 아랫입술을 안쪽으로 모아 닦아준다.

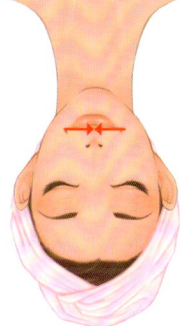

06 화장 솜을 반으로 접어 윗입술을 안쪽으로 모아 닦아준다.

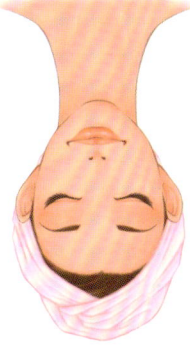

07 화장 솜을 가로로 한 번, 세로로 한 번 접은 상태에서 입술 중앙을 닦아준다.

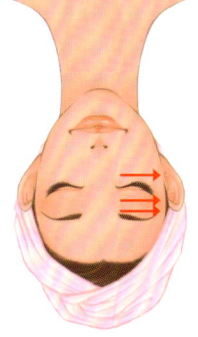

08 화장 솜을 이용하여 눈 전체를 살짝 누르며 닦아준다.

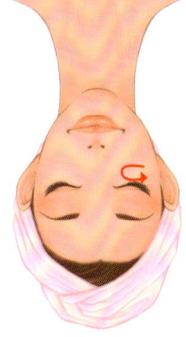

09 화장 솜을 중지 사이에 끼워 눈 밑을 2회 둥굴리며 닦아준다.

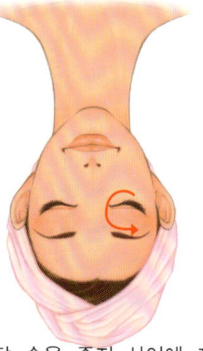

10 화장 솜을 중지 사이에 끼워 눈 밑부터 눈두덩이를 2회 둥굴리며 닦아준다.

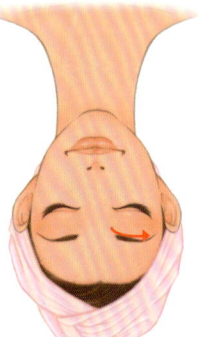

11 화장 솜을 중지 사이에 끼워 눈썹을 2회 둥글리며 닦아준다.

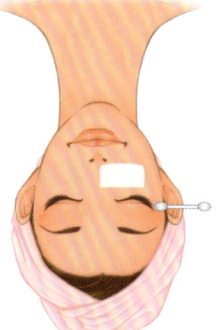

12 화장 솜을 반으로 접은 후 면봉에 리무버를 묻혀 마스카라를 지워준다. 화장 솜을 접어 눈썹 사이의 남은 마스카라를 옆으로 닦아 떼준다.

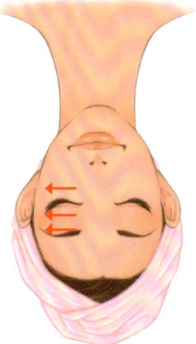

13 화장 솜을 이용하여 눈 전체를 지그시 누르며 닦아준다.

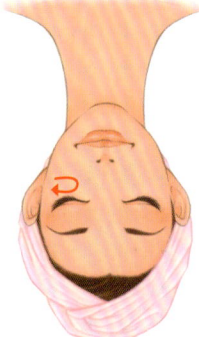

14 왼손 중지 사이에 화장 솜을 끼워 눈 밑을 2회 둥글리며 닦아준다.

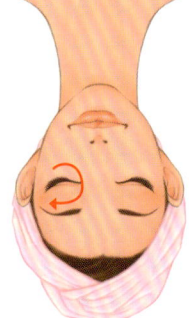

15 왼손 중지 사이에 화장 솜을 끼워 눈밑부터 눈두덩이를 2회 둥글리며 닦아준다.

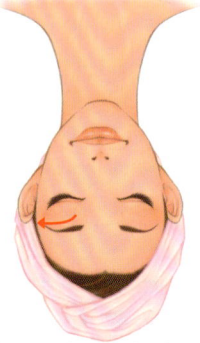

16 왼손 중지 사이에 화장 솜을 끼워 눈썹을 2회 둥굴리며 닦아준다.

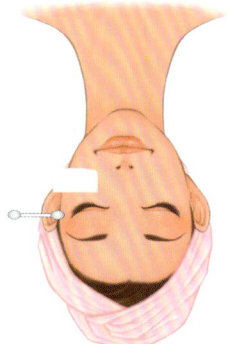

17 화장 솜을 반으로 접은 후 면봉에 리무버를 묻혀 마스카라를 지워준다. 화장 솜을 접어 눈썹 사이의 남은 마스카라를 옆으로 닦아 떼준다.

■ 클렌징 동작

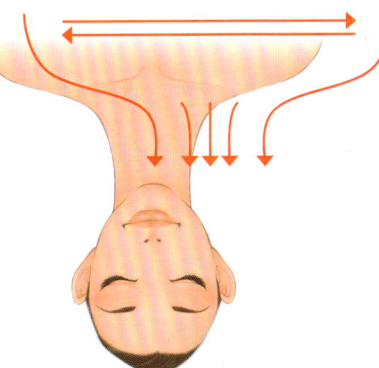

01 클렌징 로션 도포 후 양 손바닥을 이용하여 데콜테를 가로로 번갈아가며 길게 쓸어준 뒤 어깨를 돌며 클렌징한 후 목으로 연결해서 클렌징한다.

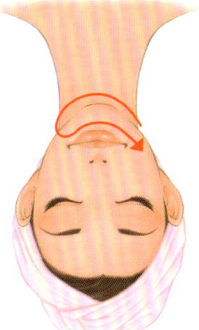

02 한 손을 귀 밑에 고정하고 다른 한 손을 이용하여 가위질하며 턱 끝에서부터 쓸면서 클렌징 해준다.

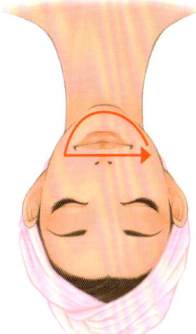

03 한 손을 턱 끝에 고정한 후 다른 한 손으로 입가를 쓸어주고 양손을 번갈아가면서 클렌징한다.

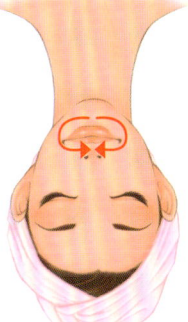

04 양손의 3·4지를 이용하여 입술 아래에서 입술 왼쪽으로 쓸어준다.

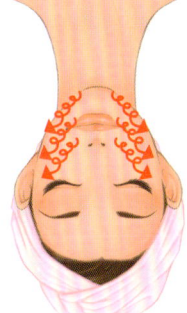

05 볼을 3등분해서 승장→청회/지창→청궁/영향→관자놀이까지 클렌징한다.

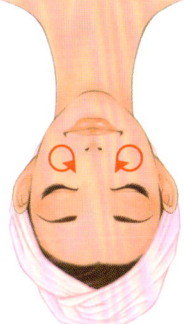

06 양손의 바닥을 이용하여 원을 그리듯이 바깥쪽/안쪽을 쓸어주며 클렌징한다.

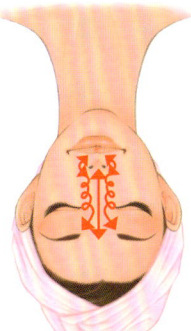

07 코 밑부분부터 둥글려주면서 올라오며 클렌징한 뒤 코 윗부분부터 밑부분까지 콧등, 코 벽 순으로 클렌징해준다.

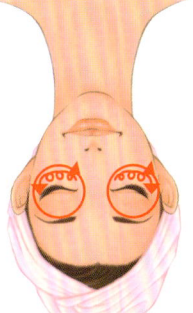

08 눈 밑을 안쪽에서 바깥쪽으로 둥글려주고 눈썹이 난 방향대로 둥글려서 클렌징한다.

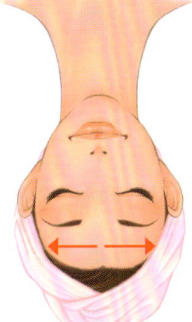

09 이마를 양손으로 번갈아가면서 클렌징한다.

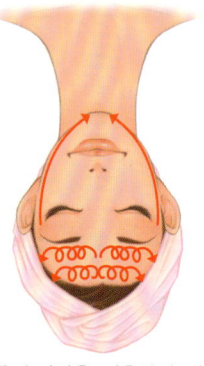

10 네 손가락을 이용하여 이마 중앙에서 측면으로 문지르며 클렌징한 뒤 턱에서 끝낸다.

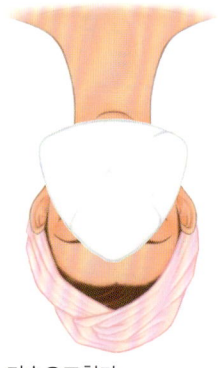

11 티슈오프한다.

■ 해면 동작

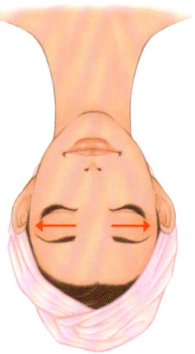

01 해면을 이용하여 눈을 안쪽에서 바깥쪽으로 클렌징한다.

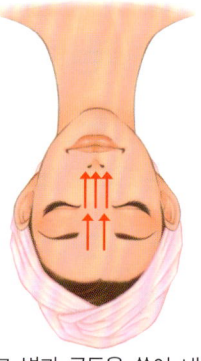

02 코 벽과 콧등을 쓸어 내려주고 이마로 올라온다.

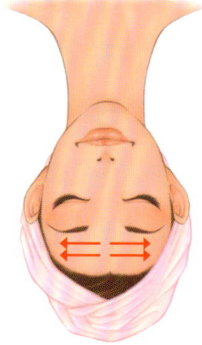

03 해면을 이용하여 이마를 가로로 클렌징한다.

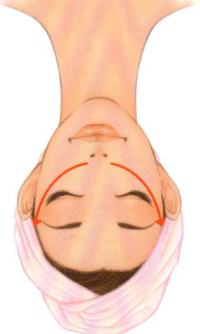

04 해면을 이용하여 영향에서 관자놀이까지 클렌징해준다.

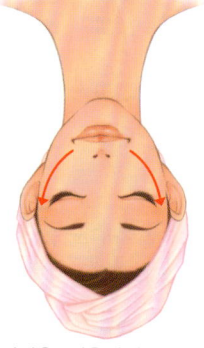

05 해면을 이용하여 지창에서 청궁까지 클렌징한다.

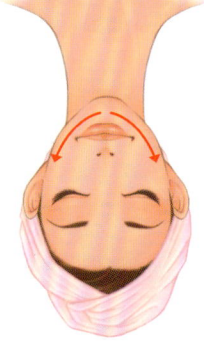

06 해면을 이용하여 승장에서 청회까지 클렌징한다.

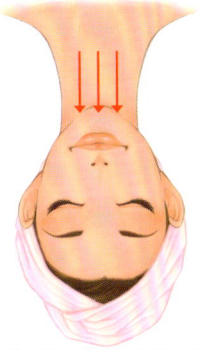

07 해면을 이용하여 목 부분을 올려주며 클렌징한다.

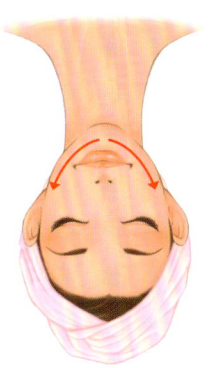

08 해면을 이용하여 턱을 클렌징한다.

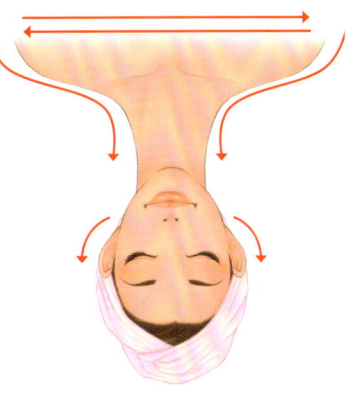

09 해면을 뒤집어서 데콜테 전체 가로로 길게 번갈아가며 클렌징한 뒤 귀까지 클렌징한다.

■ 온습포

01 수건을 턱에 올려준다.

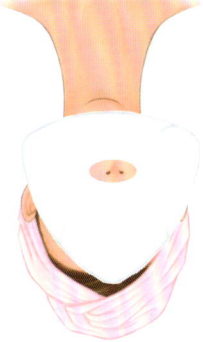

02 수건을 삼각형 모양으로 접어 얼굴 전체에 올린다(콧구멍을 가리지 않도록 한다).

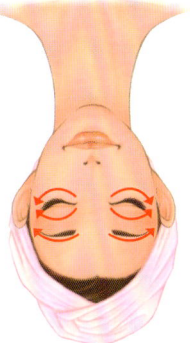

03 수건을 이용하여 눈 밑, 눈두덩이, 눈썹을 닦아준다.

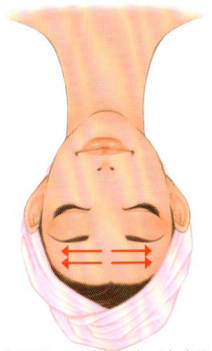

04 수건을 이용하여 이마를 닦아준다.

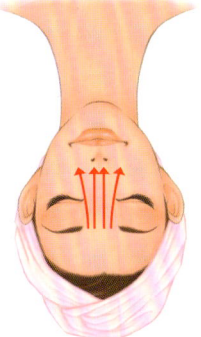

05 수건을 바꿔가면서 양손의 엄지를 번갈아가며 콧등과 코 벽을 닦아준다.

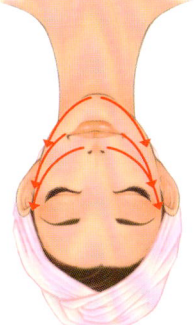

06 수건을 이용하여 영향에서 관자놀이까지, 지창에서 청궁까지, 승장에서 청회까지 닦아준다.

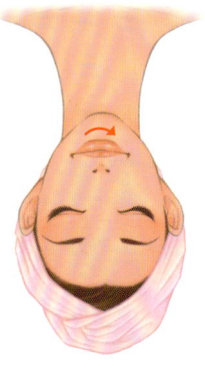

07 왼손의 엄지를 왼쪽 지창에 고정시킨 후 입술 아랫 부분을 닦아준다.

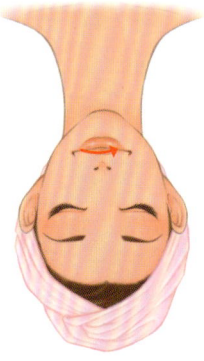

08 왼손의 엄지를 왼쪽 지창에 고정시킨 후 코밑 부분을 닦아준다.

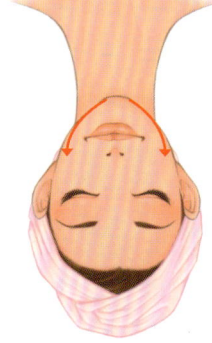

09 턱을 닦아준다.

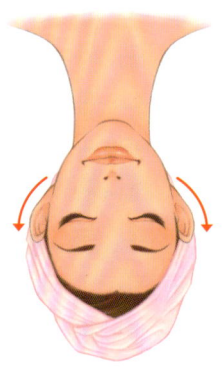

10 수건을 이용하여 귀를 닦아준다.

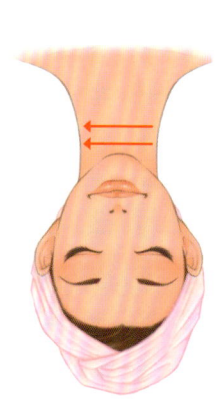

11 수건을 옆으로 빼면서 닦아준다.

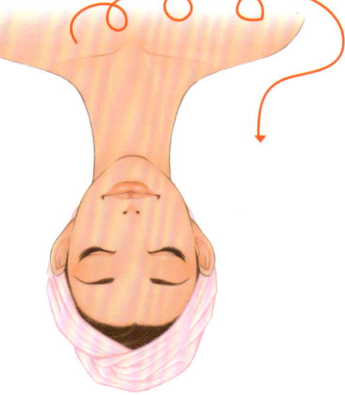

12 수건을 반으로 접어서 구김이 가지 않게 손바닥 위에 올려놓고 나머지 수건 부분을 깔끔하게 잡은 뒤에 데콜테 부분까지 닦아준다.

■ 데콜테 마사지

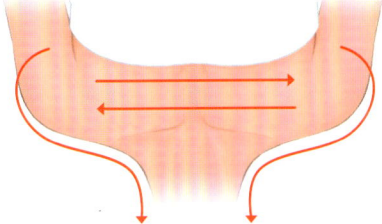

01 크림을 골고루 펴 발라준다.

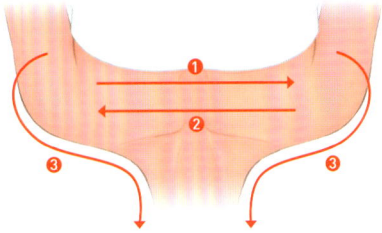

02 손바닥 전체를 이용하여 번갈아 가며 길게 쓸어준다.

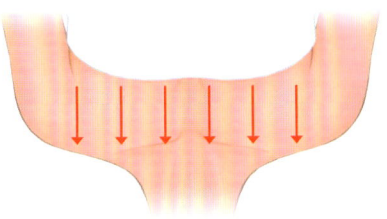

03 양 손바닥을 이용하여 세로로 쓸어준다.

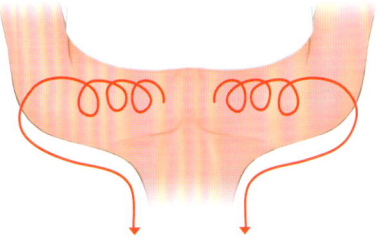

04 양손의 엄지를 제외한 네 손가락을 이용하여 데콜테를 문지른다.

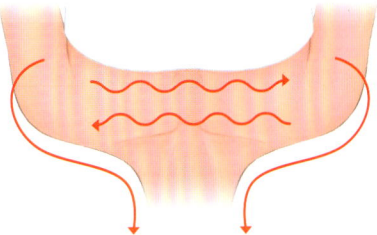

05 두 손을 포개어 데콜테를 쓰다 듬고 마무리로 삼각근을 지나 손가락으로 튕겨준다.

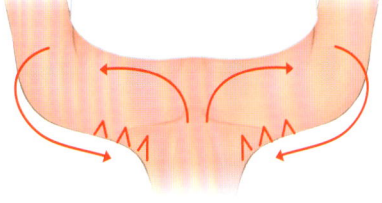

06 데콜테를 바이브레이션한 후 어깨를 돌아 승모근을 살짝 찝어준다.(Tip : 국가자격증 시험시 승모근 관리는 뺄것.)

07 양 손바닥을 이용하여 데콜테를 가로로 가볍게 쓸어준다.

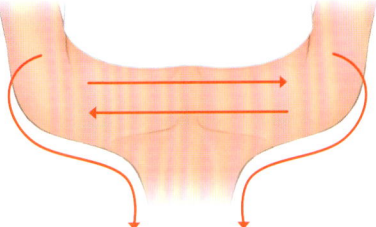

■ 얼굴 마사지

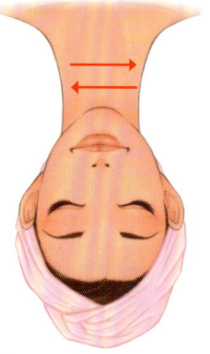

01 양 손바닥으로 번갈아가면서 목을 가로로 쓸어준다.

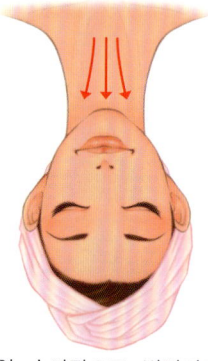

02 양 손바닥으로 번갈아가면서 목을 세로로 쓸어 올려준다.

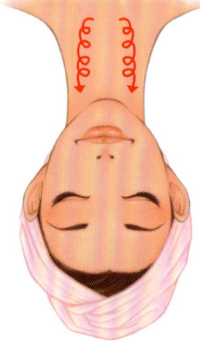

03 손바닥 전체를 이용하여 아래에서 위쪽으로 나선형을 그려주며 귀 밑부분까지 올라온다.

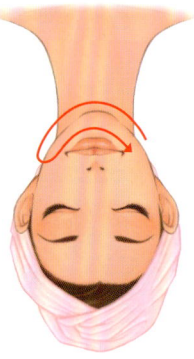

04 손바닥과 엄지 측면을 이용하여 손을 번갈아가며 턱을 쓸어준다.

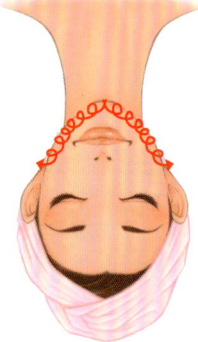

05 엄지를 제외한 네 손가락을 이용하여 양손으로 동시에 턱을 문질러준다.

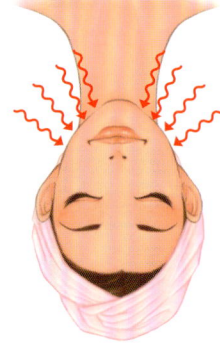

06 양 손가락을 이용하여 턱 부위를 번갈아가며 위쪽 방향으로 진동하여 준다.

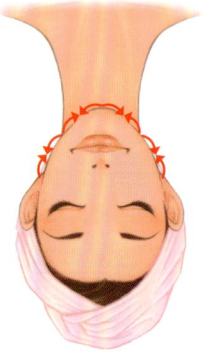

07 엄지와 2·3·4·5지를 이용해서 턱을 반죽한다.

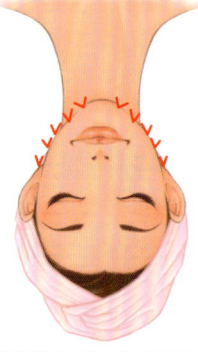

08 양손의 2·3·4·5지를 이용해서 턱을 약하게 두드려준다.

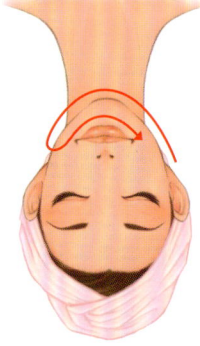

09 손바닥과 엄지 측면을 이용하여 손을 번갈아가며 턱을 쓸어준다.

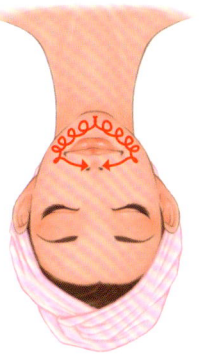

10 3·4지를 이용하여 승장에서부
터 나선형으로 입 주위를 문질
러 올려준다.

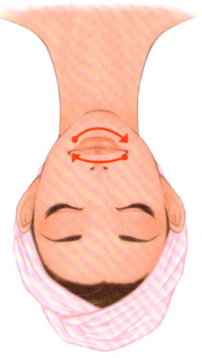

11 3·4지를 이용하여 번갈아가며
입술 위/아래를 엇갈리듯 문지
른다.

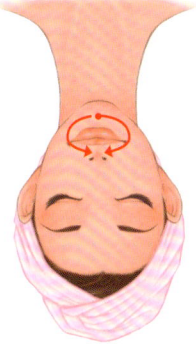

12 3·4지를 이용하여 승장에서
수구까지 쓸어 올려준다.

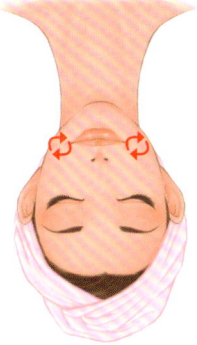

13 3·4지를 이용하여 입가를 반
죽한다.

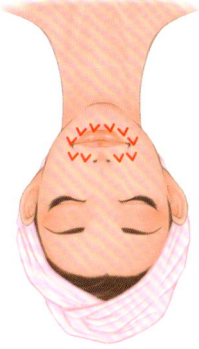

14 양손의 네 손가락을 이용하여
입가를 약하게 두드려준다.

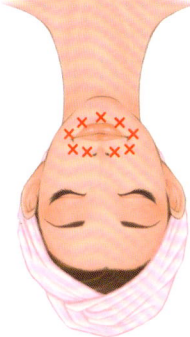

15 엄지와 검지를 이용해서 입가를
찝어준다.

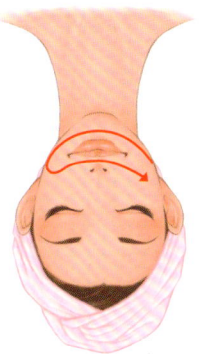

16 한 손을 귀 밑에 고정한 뒤 다
른 한 손으로 턱선을 쓸어서
2·3지 손가락을 벌려 입가를 쓸어
준다.

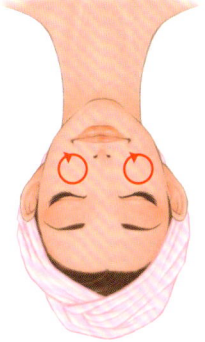

17 양손의 바닥을 이용하여 원을
그리듯이 바깥쪽, 안쪽을 쓸어
준다.

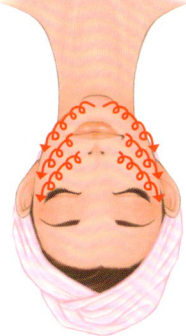

18 손가락과 손바닥을 이용하여
승장에서 청회, 지창에서 청궁,
영향에서 관자놀이 부분까지 문질러
준다.

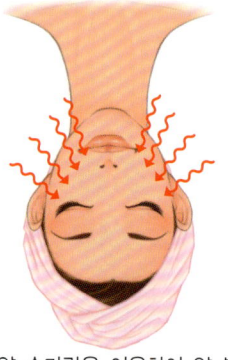

19 양 손가락을 이용하여 양 볼을 번갈아가면서 진동하여 준다.

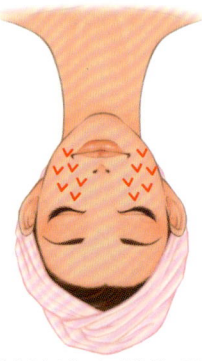

20 양손의 네 손가락을 이용하여 볼을 약하게 두드린다.

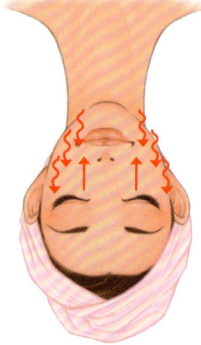

21 네 손가락을 이용하여 볼을 진동한 뒤 엄지를 이용해서 쓸어 내려준다.

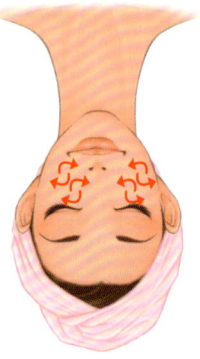

22 양손의 3·4지를 이용하여 볼을 번갈아가며 반죽한다.

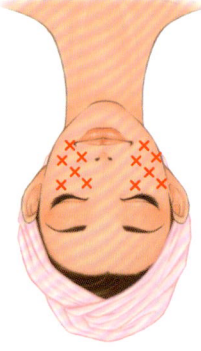

23 엄지와 중지를 이용해서 볼을 찝어준다.

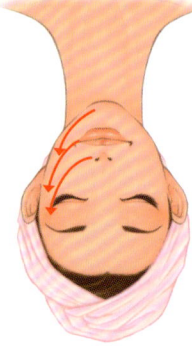

24 양손의 손바닥 전체를 이용하여 번갈아가며 볼을 쓸어 올려준다.

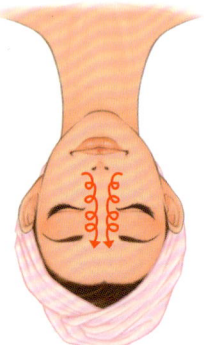

25 콧방울에서 코 윗부분까지 3·4지를 이용해서 나선형을 그리며 쓸어준다.

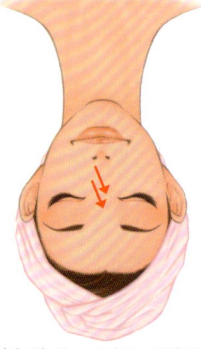

26 양손의 3·4지를 이용해서 코벽을 번갈아가며 쓸어 올려준다.

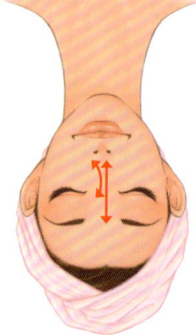

27 양손의 3·4지를 이용해서 콧등과 코 벽을 번갈아가면서 쓸어준다.

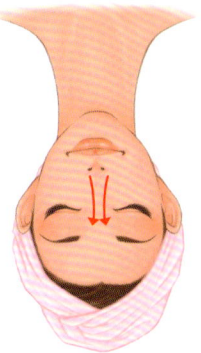

28 양손의 2 · 3지를 벌려 코 밑부분부터 양손을 번갈아가며 쓸어 올려준다.

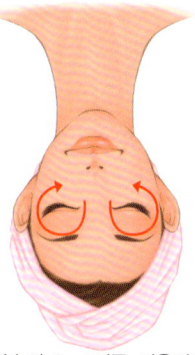

29 양손의 3 · 4지를 이용하여 눈가를 동시에 원을 그리며 쓸어준다.

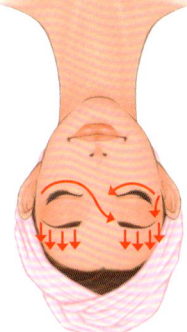

30 중지를 이용하여 왼쪽 눈썹 앞머리부터 눈썹 끝까지 번갈아가며 올려준 뒤, 눈꼬리 부분을 올려주고 반대편도 동일한 방법으로 해준다.

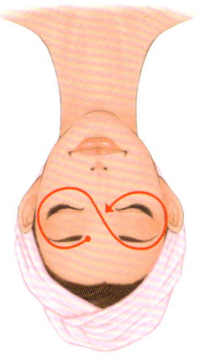

31 중지를 이용하여 양 눈을 연결해서 8자를 그리며 마사지 해준다.

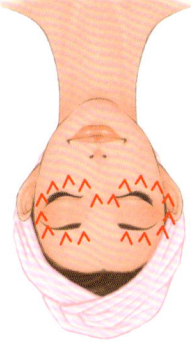

32 양손의 손가락 전체를 이용하여 눈가를 약하게 두드려준다.

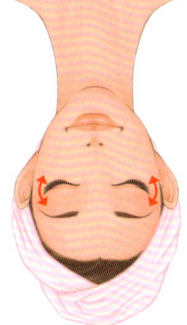

33 양손의 3 · 4지를 이용하여 눈꼬리를 펴준다.

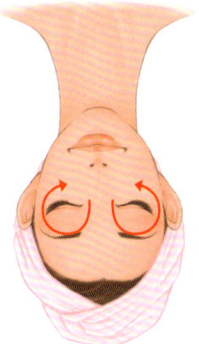

34 양손의 3 · 4지를 이용하여 눈가를 동시에 원을 그리며 쓸어준다.

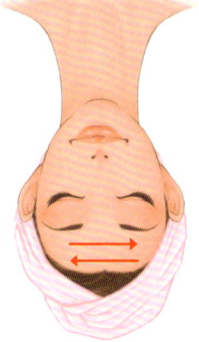

35 양 손바닥과 손가락을 이용하여 번갈아가면서 이마를 가로로 쓸어준다.

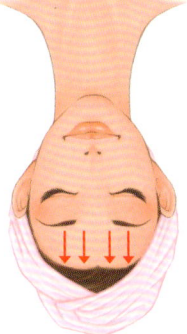

36 손 전체를 이용해서 이마를 세로 방향으로 번갈아가며 쓸어준다.

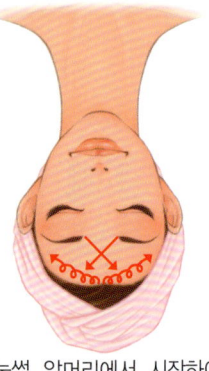

37 눈썹 앞머리에서 시작하여 ×
자로 3·4지를 이용하여 쓸어
준 뒤 이마 중앙에서 관자놀이까지
둥글려준다.

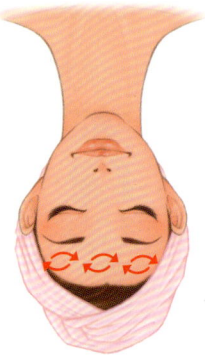

38 이마를 가로로 3·4지를 이용
해서 반원을 그리며 지그재그
로 문질러준다.

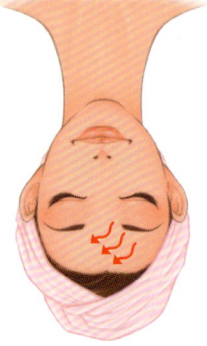

39 양손을 번갈아가며 네 손가락을
이용해서 진동한다.

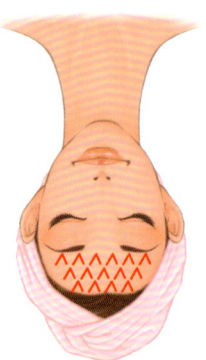

40 양손의 모든 손가락을 이용하
여 이마를 약하게 두드린다.

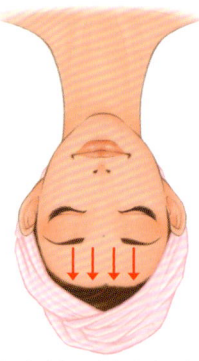

41 손바닥을 이용하여 이마를 세
로로 쓸어준다.

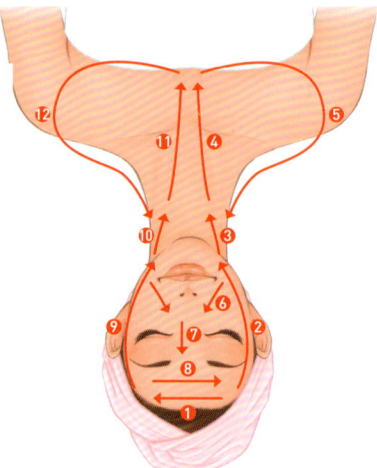

42 이마를 가로로 쓸어 얼굴 측면
으로 내려준 뒤 데콜데를 쓸어
주고 올라와서 기도하듯 손바닥을 모
은다. 그런 다음 얼굴로 올라온 뒤 이
마에서 손을 깍지 껴서 풀며 쓸어준
후 얼굴 측면을 타고 내려와 터미누
스 부위에서 마무리한다.

■ 팔 마사지

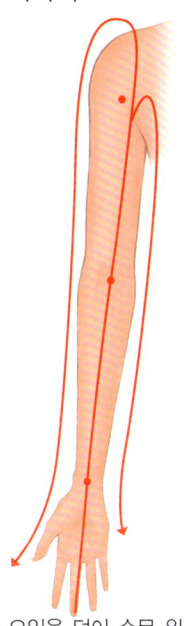

01 오일을 덜어 손목 위에 바른 뒤 문지르고 3점을 찍어 도포(쓸어주면서 어깨 돌아 손등, 손목, 손가락까지 도포한다.)

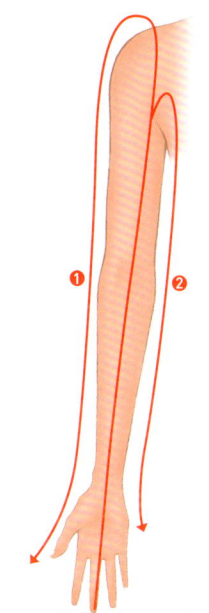

02 팔목을 잡고 팔의 바깥쪽을 쓸어준 뒤 팔 안쪽을 쓸어준다.

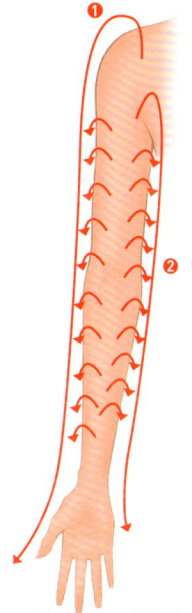

03 한 손으로 손목을 고정한 후 팔의 바깥쪽과 안쪽으로 나누어서 퍼 올리듯이 손목 부분부터 올라가면서 문지른다.

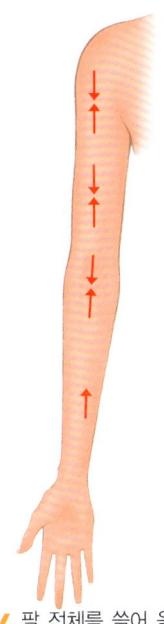

04 팔 전체를 쓸어 올라와 상완부터 반죽하며 내려온다.

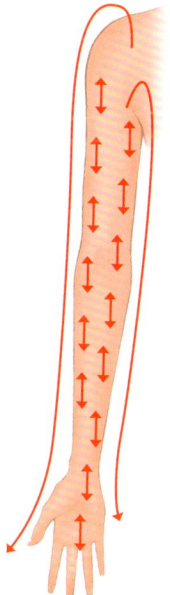

05 한쪽 손으로 손목을 고정한 후 팔의 바깥쪽과 안쪽을 손바닥으로 문질러주고 쓸어 내려온다.

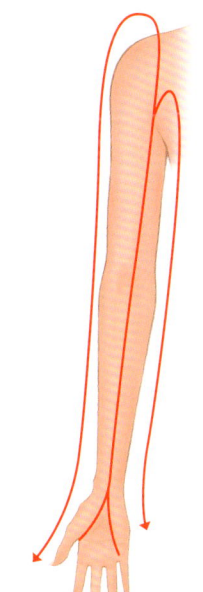

06 팔 전체의 바깥쪽과 안쪽을 쓸어준다.

07 손목 관절 부위를 양손 엄지를 이용하여 8자로 풀어준다.

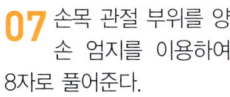
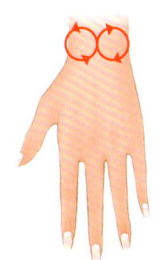

08 양손 엄지를 이용해서 엇갈리게 문질러준다.

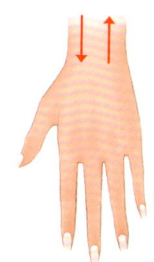

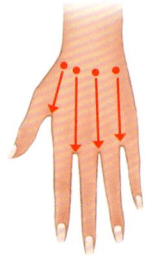

09 양손 엄지를 이용해서 중수골 사이사이를 쓸어준다.

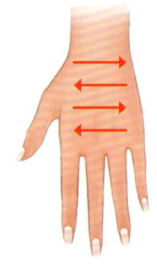

10 엄지를 이용해서 손등을 엇갈려서 가로로 쓸어준다.

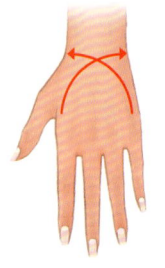

11 손 전체를 감싼 후 엄지와 측면을 이용하여 손등을 쓸어준다.

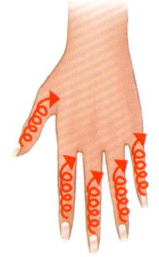

12 엄지와 검지를 이용해서 손가락을 쥐고 손끝에서 나선형을 그리며 올라간 후 손가락을 쓸며 내려온다.

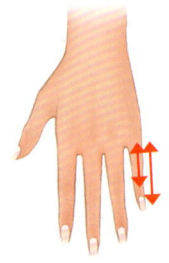

13 검지와 중지를 이용해서 손가락 끝에서 안쪽으로 손가락 위/아래와 손가락 측면을 차례로 쓸어준다.

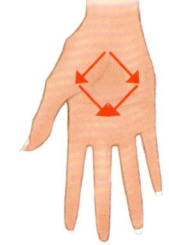

14 엄지를 이용하여 손바닥을 마름모꼴 모양으로 쓸어준다.

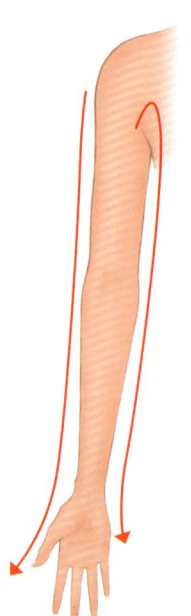

15 손목을 잡고 바깥쪽을 쓸어주고 손을 바꿔서 손목을 잡고 안쪽을 쓸어준다.

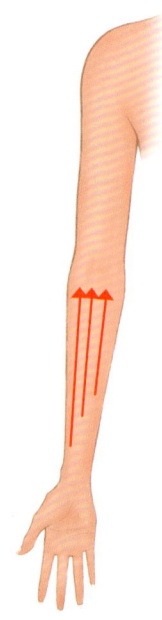

16 팔의 하완을 번갈아 가면서 쓸어올려준다(측면, 중앙, 측면).

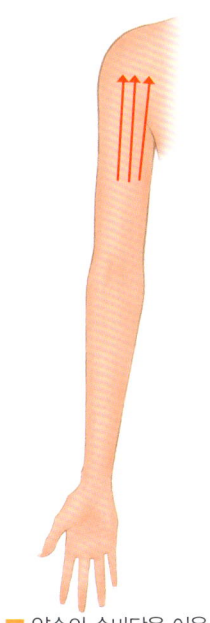

17 양손의 손바닥을 이용해서 상완을 약하게 문지른다.

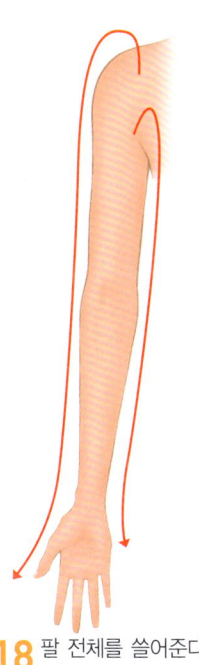

18 팔 전체를 쓸어준다.

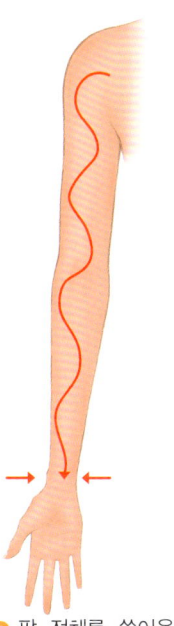

19 팔 전체를 쓸어올라 갔다가 전체 손 모양을 엇갈리며 짜주면서 내려온 뒤 전체를 흔들어준다.

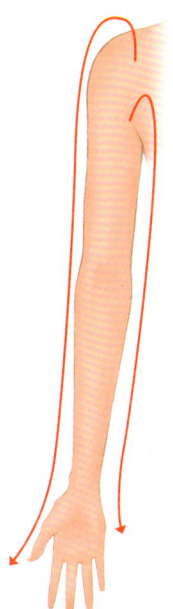

20 팔 전체를 쓸어준다.

21 타월의 시접 부위가 안으로 가도록 겹쳐서 팔 전체에 덮고 어깨와 손을 당겨주듯이 스트레칭 해준다.

22 수건을 접어가면서 상완부터 꼼꼼히 닦아주고 손가락 사이사이를 닦아준다.

23 팔을 살짝들어 뒤면을 닦아준다.

■ 복부 마사지

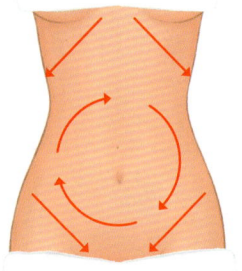

01 오일을 복부 전체에 시계 방향으로 쓸어주며 도포한다.

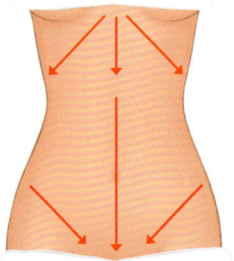

02 양 손바닥을 교대로 복부 중앙 부위 아래로 쓸어내리고 나서 명치 부분과 늑골 라인을 쓸어주고, 손끝으로 장골능 라인을 쓸어준다.

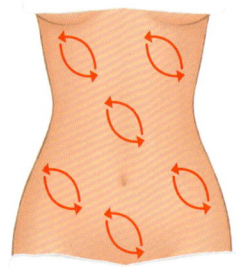

03 2·3·4·5지를 이용해서 복부를 반죽한다.

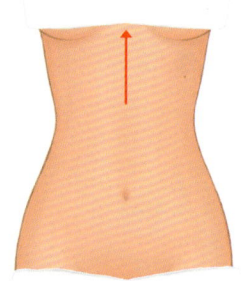

04 양 손바닥을 복부 중앙에서부터 흉부 쪽으로 밀어 올려준다.

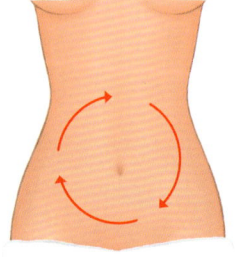

05 손바닥을 이용하여 복부 전체를 시계 방향으로 돌려준다.

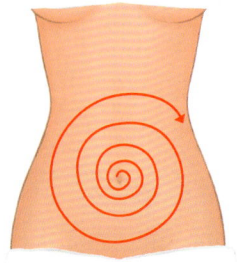

06 손끝을 이용하여 복부에 원을 그려주듯 마사지한다.

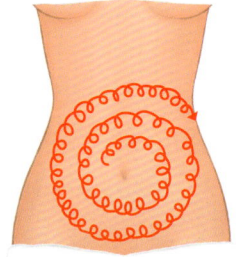

07 양손을 겹쳐서 복부에 원을 그려주듯 마사지한다.

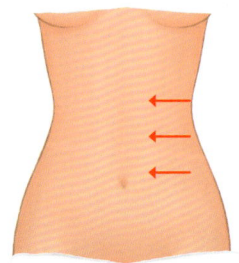

08 양 손바닥을 이용하여 늑골 끝부분부터 장골능까지 쓸어올려준 뒤 반대편은 작게 반죽하며 올라간다.

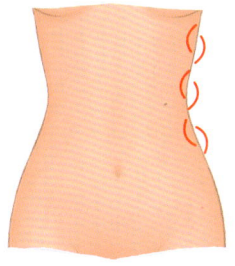
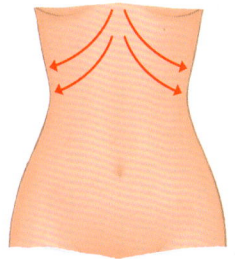
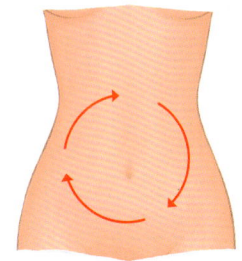
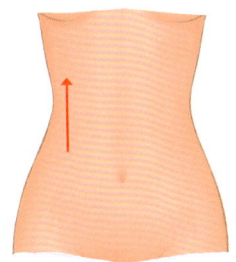

09 양손을 맞잡아 옆구리 허리 라인을 반죽하여 비틀어준다.

10 손바닥을 이용하여 양손을 교대로 늑골 부분을 쓰다듬는다.

11 양 손바닥을 복부에 밀착하여 시계 방향으로 쓸어준다.

12 양 손바닥을 이용하여 상행결장을 교대로 쓸어올려준다.

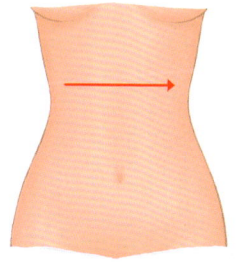
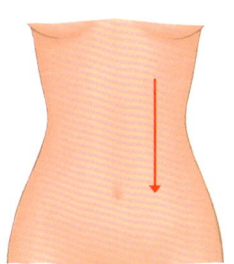
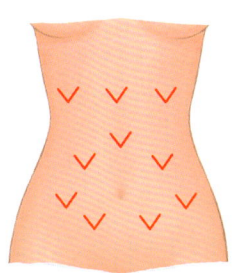
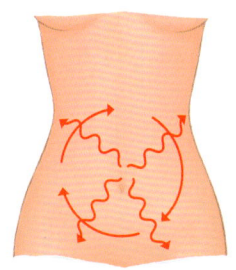

13 양 손바닥을 이용하여 횡행결장을 쓸어준다.

14 양 손바닥을 이용하여 하행결장을 쓸어내려준다.

15 양손 끝을 이용하여 복부 주위를 찜어준다.

16 양 손바닥을 이용하여 시계 방향으로 복부 전체를 쓰다듬어준 뒤 배꼽 위에 손바닥을 오목한 모양으로 올린 뒤 복부 진동 후 독소를 배출시킨다. 마지막으로 온습포를 이용해서 닦아준다.

■ 앞다리 마사지

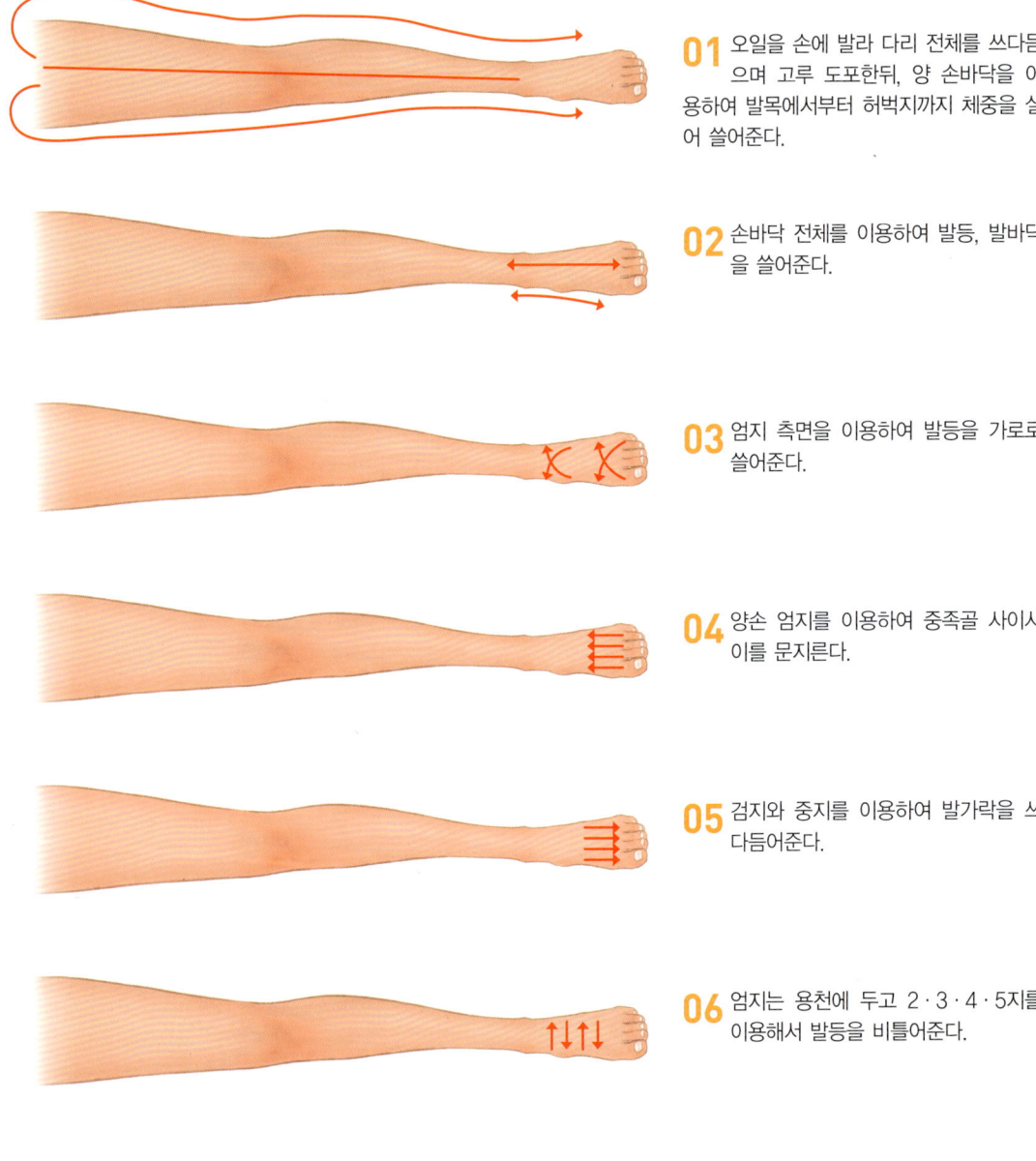

01 오일을 손에 발라 다리 전체를 쓰다듬으며 고루 도포한뒤, 양 손바닥을 이용하여 발목에서부터 허벅지까지 체중을 실어 쓸어준다.

02 손바닥 전체를 이용하여 발등, 발바닥을 쓸어준다.

03 엄지 측면을 이용하여 발등을 가로로 쓸어준다.

04 양손 엄지를 이용하여 중족골 사이사이를 문지른다.

05 검지와 중지를 이용하여 발가락을 쓰다듬어준다.

06 엄지는 용천에 두고 2·3·4·5지를 이용해서 발등을 비틀어준다.

07 3·4지를 이용하여 복사뼈 주위를 쓸어준다.

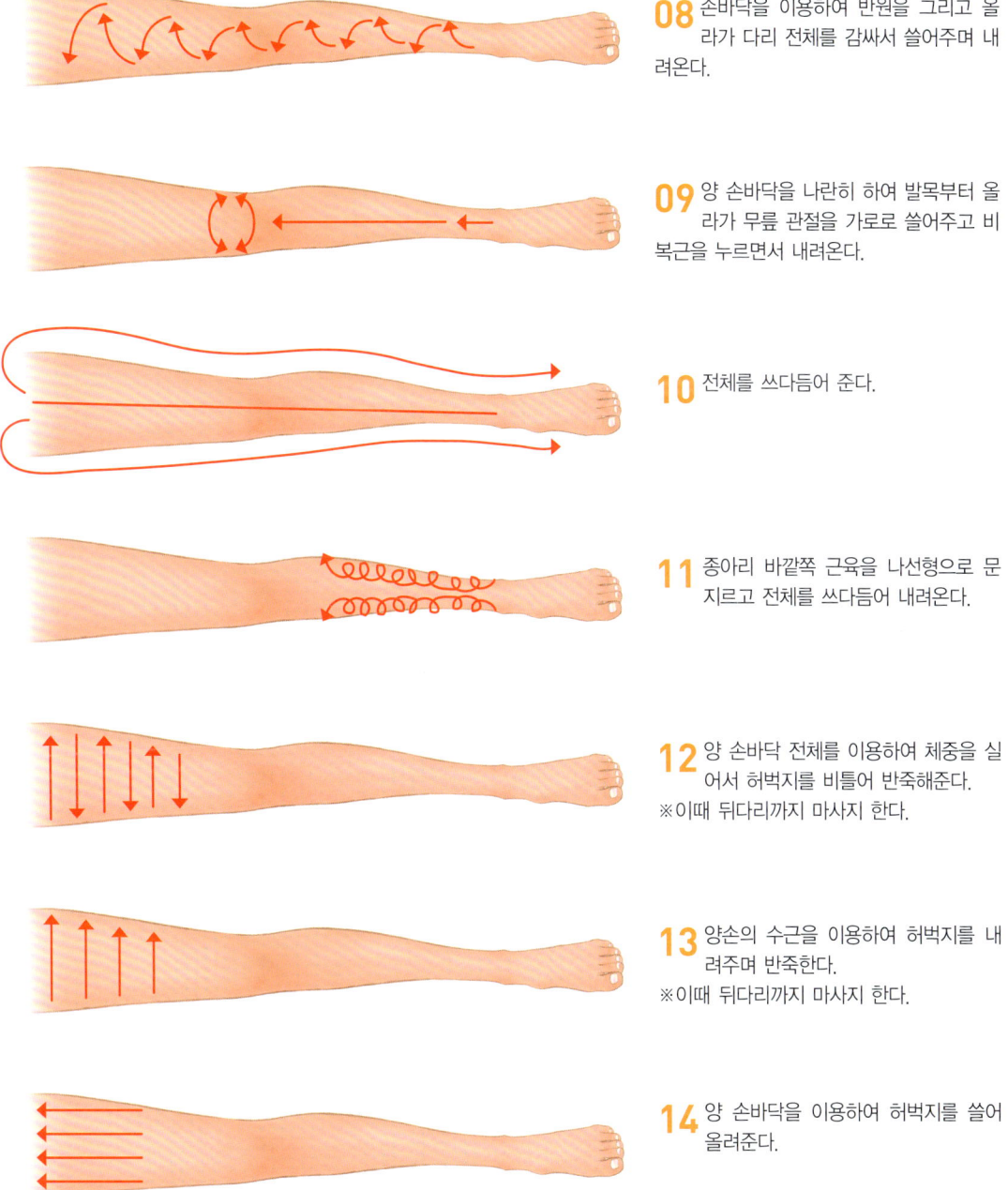

08 손바닥을 이용하여 반원을 그리고 올라가 다리 전체를 감싸서 쓸어주며 내려온다.

09 양 손바닥을 나란히 하여 발목부터 올라가 무릎 관절을 가로로 쓸어주고 비복근을 누르면서 내려온다.

10 전체를 쓰다듬어 준다.

11 종아리 바깥쪽 근육을 나선형으로 문지르고 전체를 쓰다듬어 내려온다.

12 양 손바닥 전체를 이용하여 체중을 실어서 허벅지를 비틀어 반죽해준다.
※이때 뒤다리까지 마사지 한다.

13 양손의 수근을 이용하여 허벅지를 내려주며 반죽한다.
※이때 뒤다리까지 마사지 한다.

14 양 손바닥을 이용하여 허벅지를 쓸어올려준다.

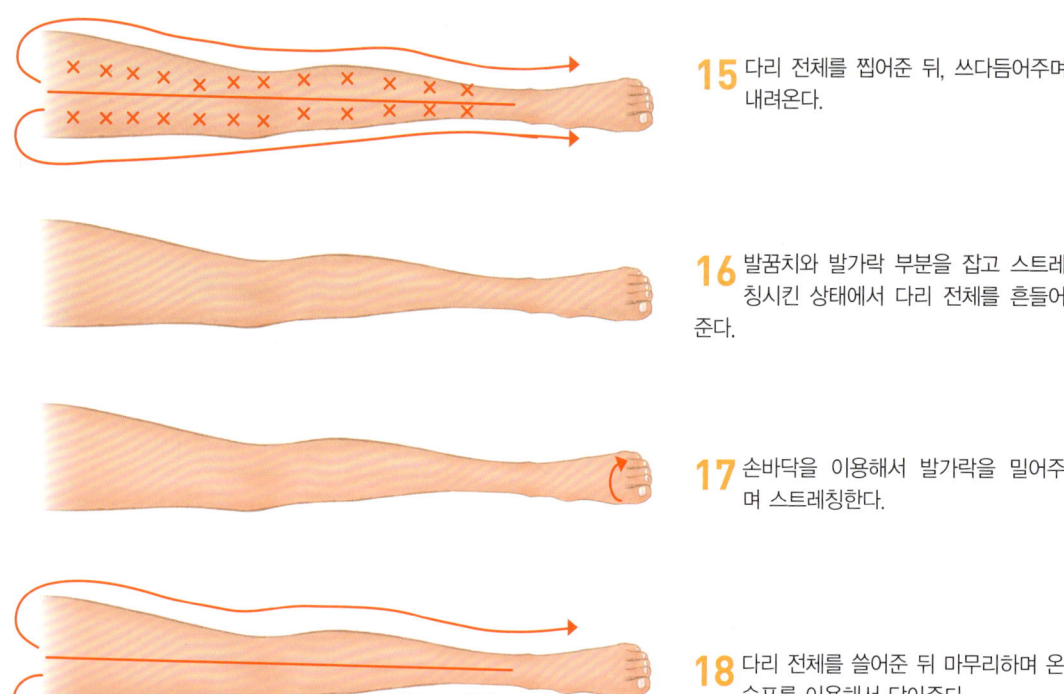

15 다리 전체를 찝어준 뒤, 쓰다듬어주며 내려온다.

16 발꿈치와 발가락 부분을 잡고 스트레 칭시킨 상태에서 다리 전체를 흔들어 준다.

17 손바닥을 이용해서 발가락을 밀어주 며 스트레칭한다.

18 다리 전체를 쓸어준 뒤 마무리하며 온 습포를 이용해서 닦아준다.

■ 등 마사지

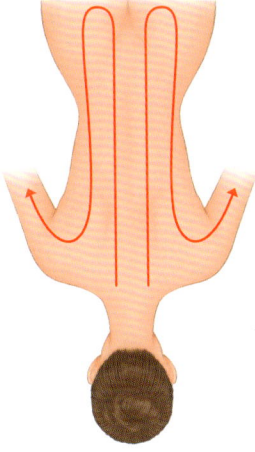

01 오일을 등 전체에 고루 도포한다.

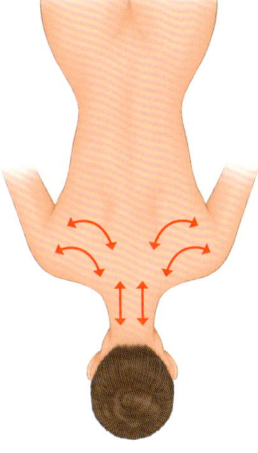

02 손바닥으로 승모근 상부를 쓸어준다.

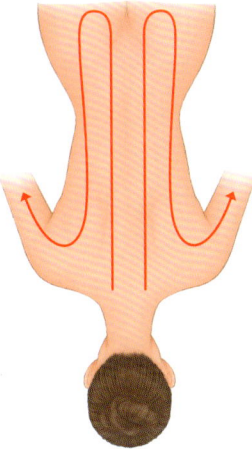

03 양 손바닥으로 기립근을 타고 내려가 중둔근까지 쓸어주고 옆선을 타고 쓸어올려 상완근까지 쓸어준다.

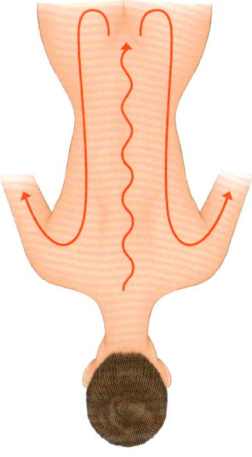

04 손가락 끝에 힘을 주어 S자를 그리며 척추뼈를 훑어준 뒤 전체를 쓸어준다.

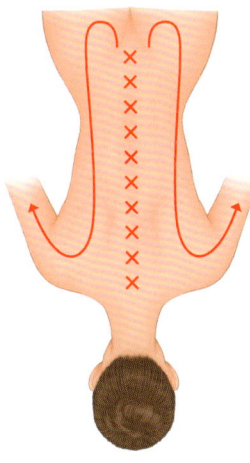

05 엄지로 ×자를 만들어서 기립근을 타고 준둔근을 지나 허리 옆선을 타고 상완근까지 쓸어준다.

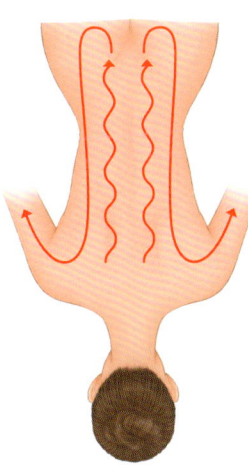

06 엄지와 검지를 이용하여 작게 찝어주듯이 반죽하며 내려가서 전체를 쓰다듬어 준다(게걸음).

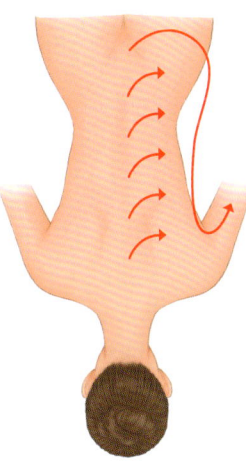

07 광배근을 쓸어준 뒤 한쪽씩 전체를 쓸어준다.

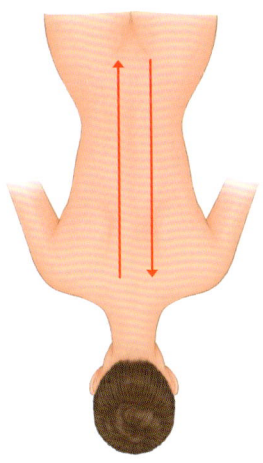

08 양 손바닥을 번갈아가며 쓸어준다.

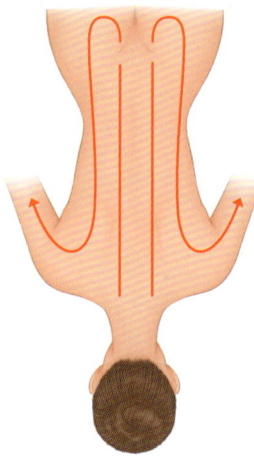

09 손바닥을 이용해서 기립근을 타고 내려가 등 전체를 쓸어준다.

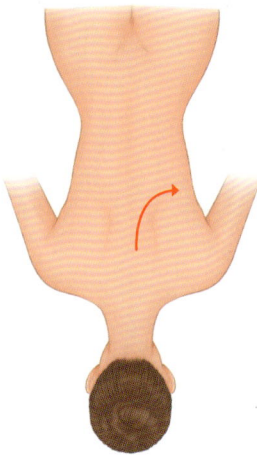

10 손을 포개어 능형근과 승모근을 풀어주는데 손의 측면을 이용하여 견갑 부위를 쓸어내려준다.

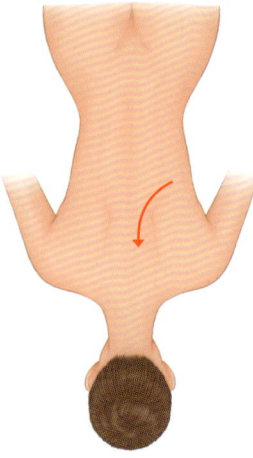

11 양손을 포개어 능형근에서 승모근까지 쓸어내린다.

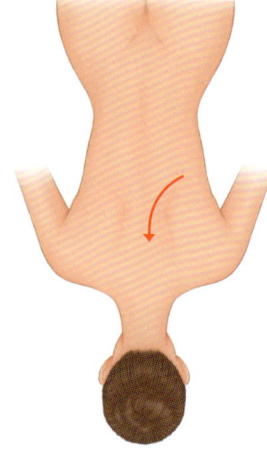

12 엄지 측면을 이용하여 승모근을 깊이 파주듯이 쓸어내린다.

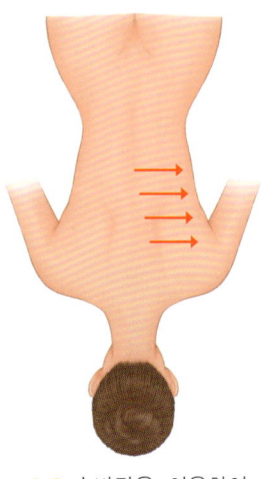

13 손바닥을 이용하여 승모근에서 능형근까지 쓸어내린다(견갑골에서는 힘을 빼준다).

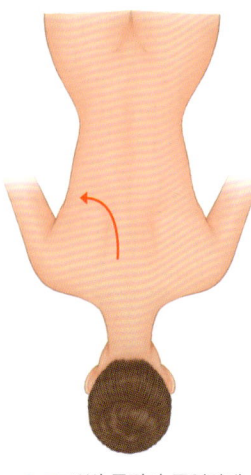

14 10번 동작과 동일하게 반대편도 실시한다.

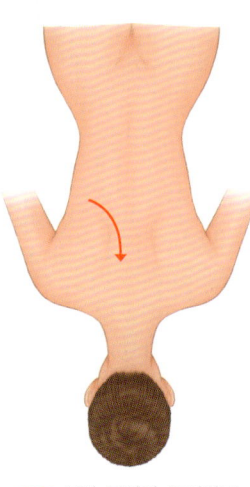

15 11번 동작과 동일하게 반대편도 실시한다.

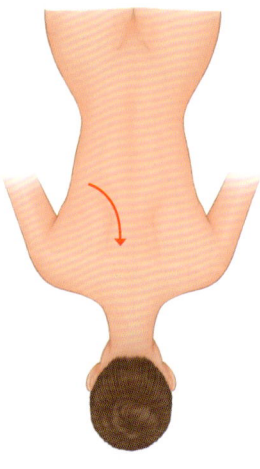

16 12번 동작과 동일하게 반대편도 실시한다.

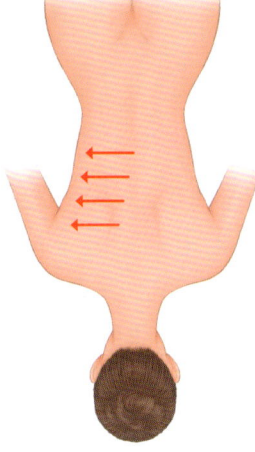

17 13번 동작과 동일하게 반대편도 실시한다.

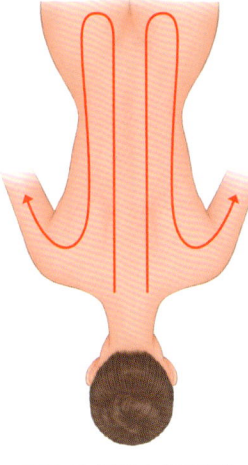

18 등 전체를 쓸어준다.

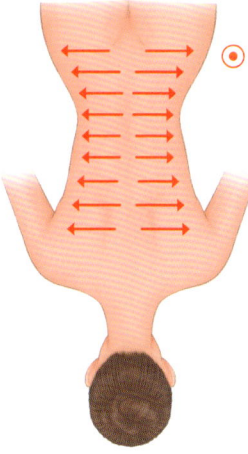

19 양손 수근을 이용해서 쓸어내려준다.

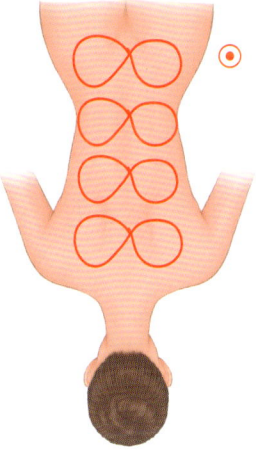

20 손바닥을 이용해서 8자를 그려주며 문질러준다.

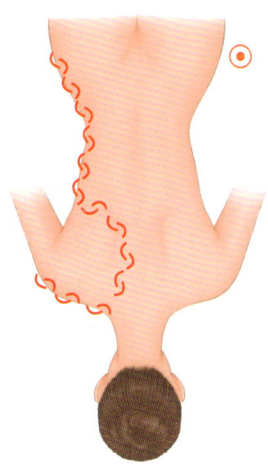

21 허리 옆선부터 어깨 견갑 부위와 승모근까지 반죽한다.

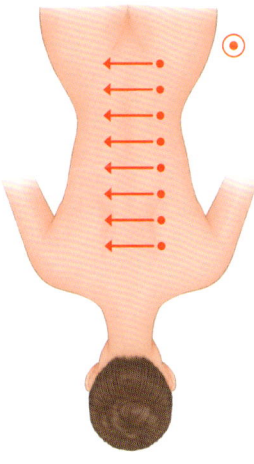

22 한 손을 고정한 후 수근을 이용해서 스트레칭을 해준다.

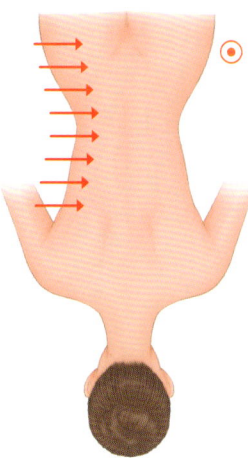

23 손바닥을 이용하여 허리 라인의 옆선을 올려준다.

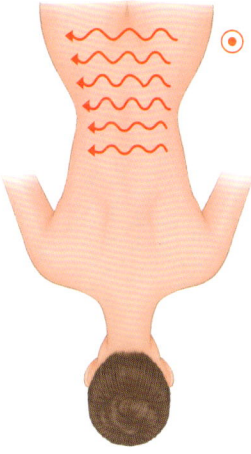

24 엄지와 검지를 이용하여 작게 찝어주듯 반죽해 준다(게걸음).

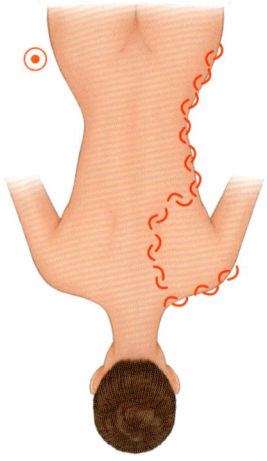

25 21번 동작과 동일하게 반대편도 실시한다.

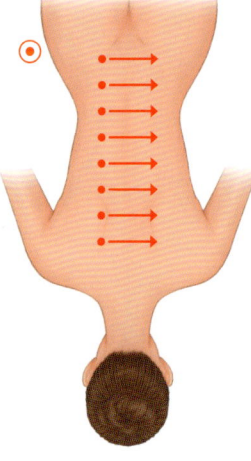

26 22번 동작과 동일하게 반대편도 실시한다.

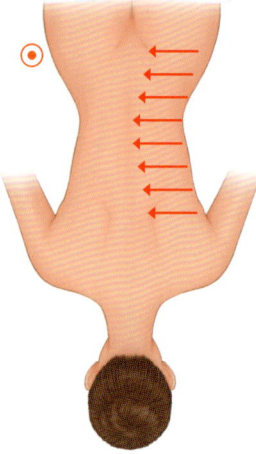

27 23번 동작과 동일하게 반대편도 실시한다.

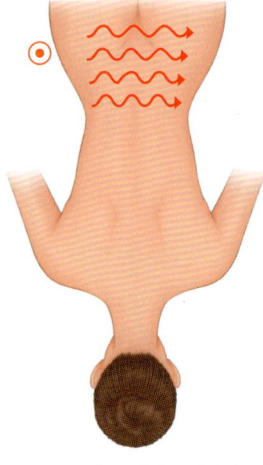

28 24번 동작과 동일하게 반대편도 실시한다.

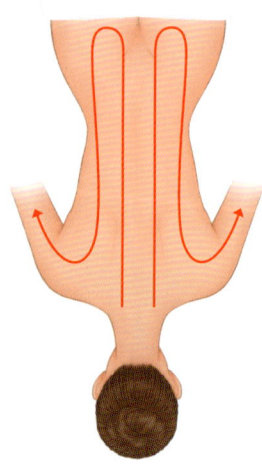

29 등 전체를 쓸어준다.

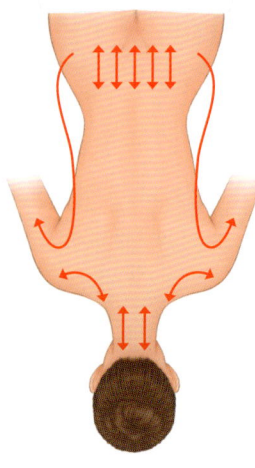

30 손바닥을 이용하여 뒷덜미와 승모근을 문지르고 나서 손바닥을 이용해서 기립근을 쓸어내려가 천골 부위를 주먹으로 문지른 후 허리 옆선을 쓸어올라와 상완까지 쓸어준다.

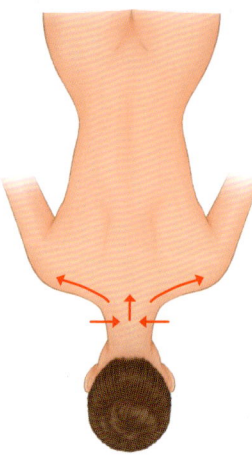

31 양손을 깍지 끼고 나서 수근으로 밀착감을 주어 목 부위를 쓸어올려주고 승모근 부위를 쓸어준다.

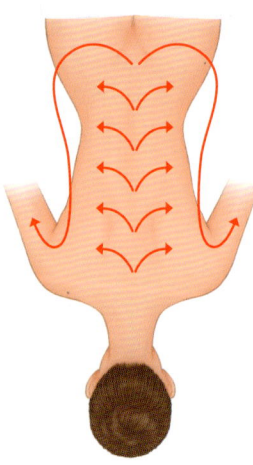

32 한 손씩 포개어 기립근을 쓸어내린 뒤 옆선을 쓸어올려준다.

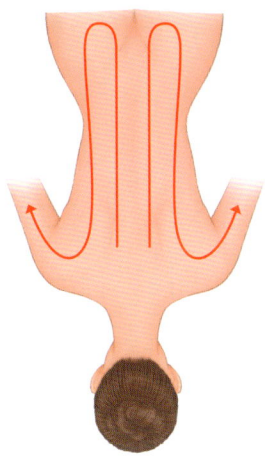

33 등 전체를 쓸어주
며 마무리한다.

■ 뒷다리 마사지

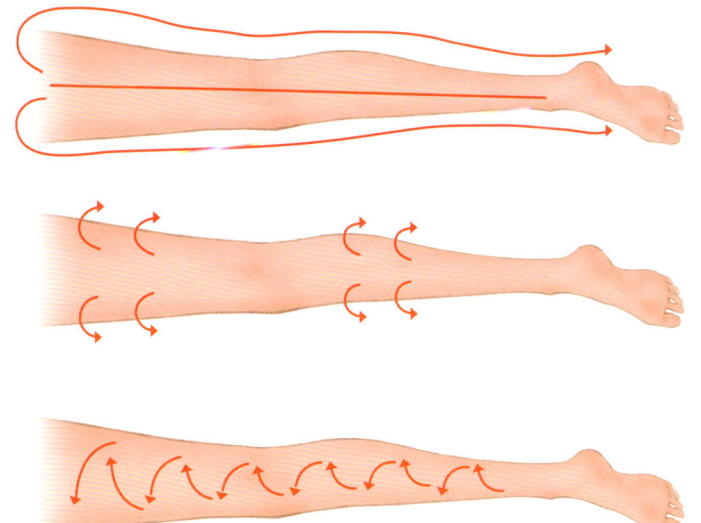

01 양 손바닥을 이용하여 오일을 고르게
도포한 뒤 다리 전체를 쓸어준다.

02 다리 전체를 4등분하여 쓸어올려준다.

03 양 엄지를 이용하여 교대로 반원을 그
리며 다리 전체를 쓸어준다.

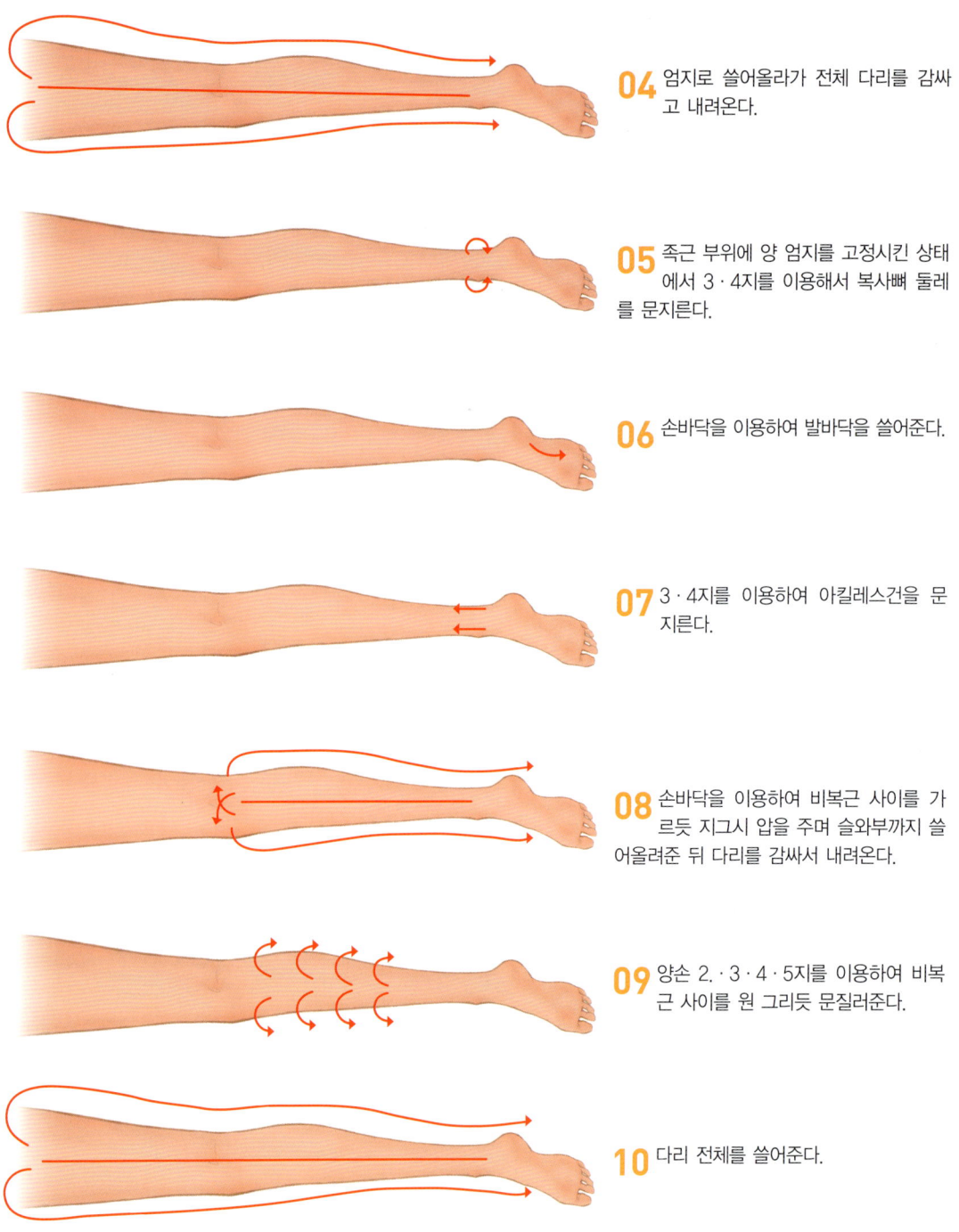

04 엄지로 쓸어올라가 전체 다리를 감싸고 내려온다.

05 족근 부위에 양 엄지를 고정시킨 상태에서 3 · 4지를 이용해서 복사뼈 둘레를 문지른다.

06 손바닥을 이용하여 발바닥을 쓸어준다.

07 3 · 4지를 이용하여 아킬레스건을 문지른다.

08 손바닥을 이용하여 비복근 사이를 가르듯 지그시 압을 주며 슬와부까지 쓸어올려준 뒤 다리를 감싸서 내려온다.

09 양손 2 · 3 · 4 · 5지를 이용하여 비복근 사이를 원 그리듯 문질러준다.

10 다리 전체를 쓸어준다.

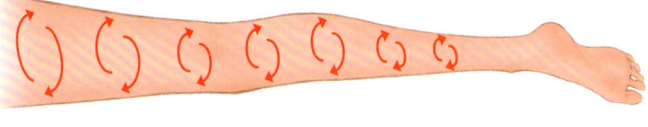

11 양 손바닥을 교대로 이용하여 종아리에서 허벅지까지 비틀어 반죽한다.

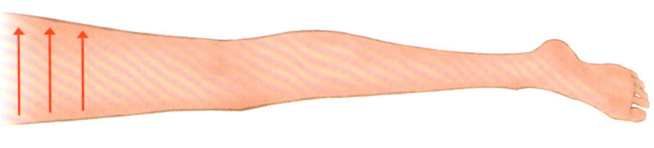

12 양손의 수근 부위를 이용하여 허벅지를 내려주며 반죽한다.

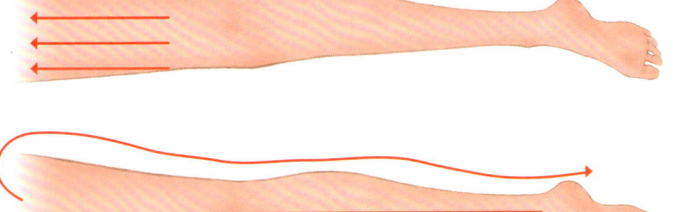

13 양 손바닥을 이용하여 허벅지를 아래에서 위로 문지른다.

14 다리 전체를 쓸어준 뒤 마무리한다.

■ 림프드레나쥐 마사지

림프드레나쥐는 림프의 흐름을 역행하지 않는 것이 무엇보다 중요하며 압을 거의 가하지 않게 부드럽게 관리해줍니다. 아무것도 바르지 않은 상태에서 실시합니다.

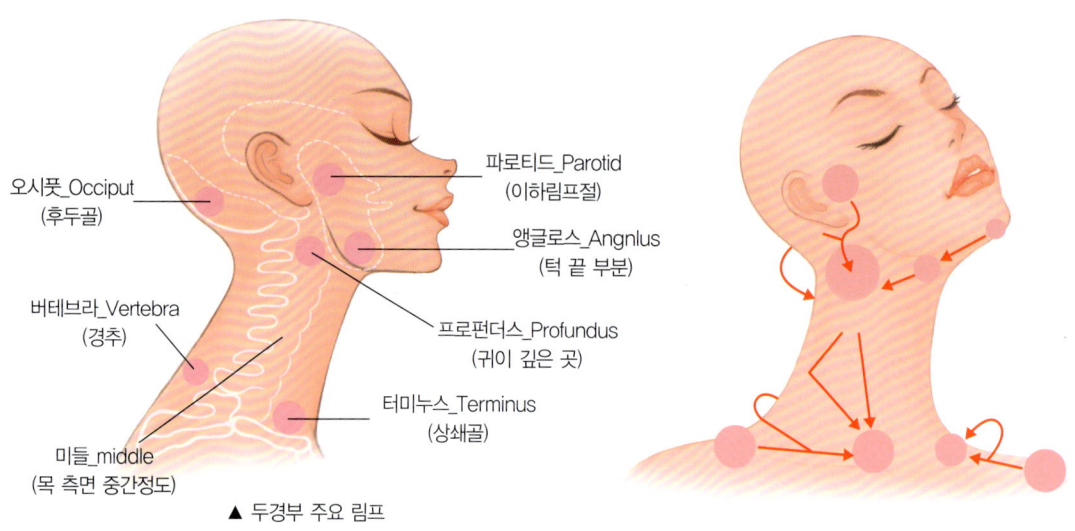

오시풋_Occiput
(후두골)

파로티드_Parotid
(이하림프절)

앵글로스_Angnlus
(턱 끝 부분)

버테브라_Vertebra
(경추)

프로펀더스_Profundus
(귀이 깊은 곳)

미들_middle
(목 측면 중간정도)

터미누스_Terminus
(상쇄골)

▲ 두경부 주요 림프

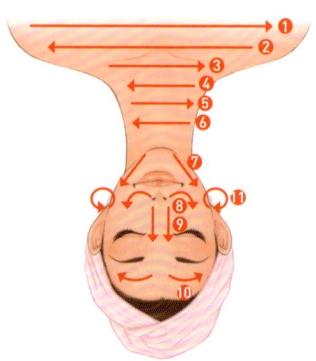

01 부드럽게 에플라쥐 해준 뒤 귀 밑의 프로펀더스를 고정원을 그린다(5회 실시).

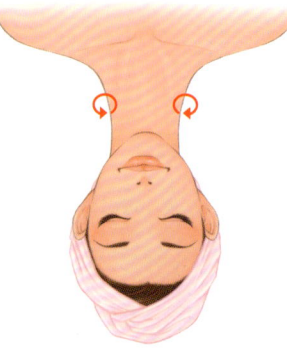

02 목 측면 중앙 부위인 미들에 고정원을 그려준다(5회 실시).

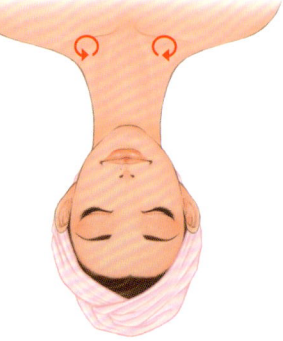

03 검지를 터미너스에 올려놓고 고정원을 그려준다(5회 실시).
1번~3번까지 2 set

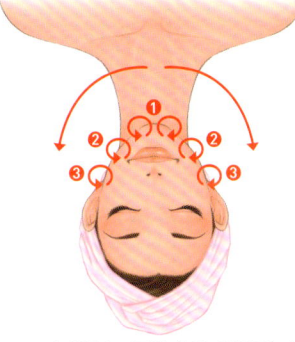

04 아랫입술 중앙에서 하악각 부분으로 3군데로 나눠서 고정원 그리기(5회씩 2set 실시).

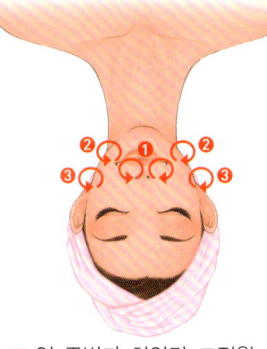

05 입 주변과 하악각 고정원 그리기(5회씩 2set 실시).

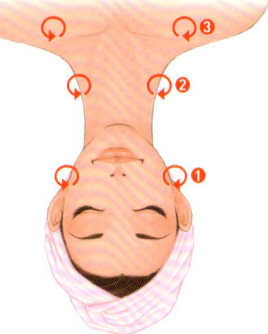

06 귀를 가리지 않게 해서 프로펀러스 고정원을 그린 후 미들 고정원, 터미너스 고정원을 그려준다(5회씩 1set 실시).

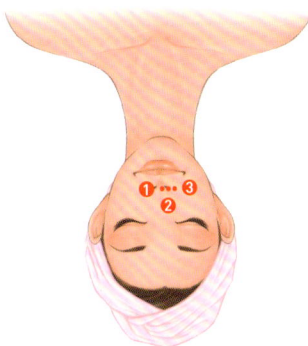

07 6번 동작이 자연스럽게 연결되도록 볼로 올라와 중지를 이용하여 코끝 중앙 고정원 그리기. 측면 이동 고정원 그리기(5회 실시), 코의 끝 부분 가장 외측면 고정원 그리기(5회 실시).

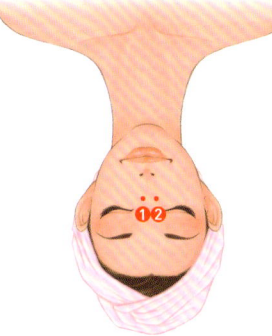

08 코의 중간 부분 고정원 그리기. 코의 중간 부분 외측면 고정원 그리기(5회 실시).

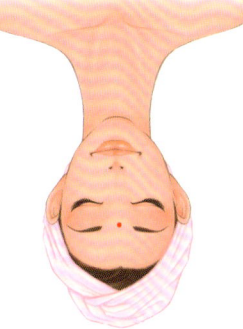

09 코의 가장 윗부분 고정원 그리기(5회 실시).
7번~9번까지 5회씩 2set

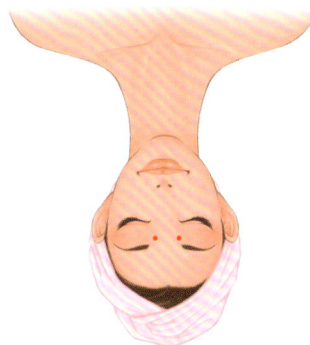

10 코의 가장 윗부분 측면에서 고정원 그리기(5회 실시).

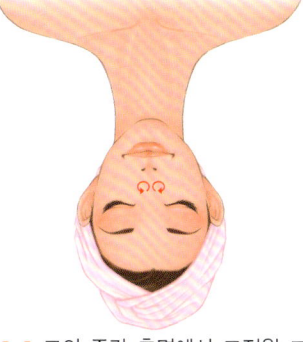

11 코의 중간 측면에서 고정원 그리기(5회 실시).

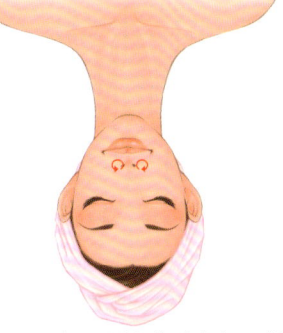

12 코의 끝 부분 측면에서 고정원 그리기(5회 실시).

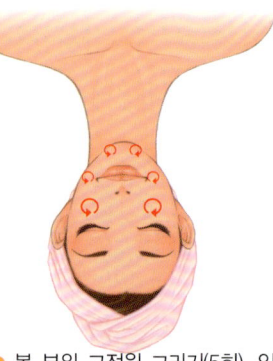
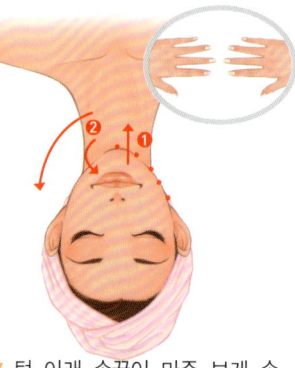
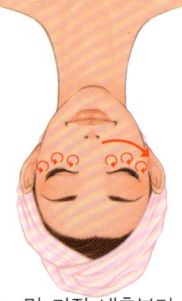

13 볼 부위 고정원 그리기(5회), 입술 옆 구각 고정원 그리기(5회), 엄지를 제외한 손가락을 모아서 입술 아래 고정원 그리기

14 턱 아래 손끝이 마주 보게 손가락을 댄 후 새끼손가락 방향으로 살짝 밀어준 뒤 고정원을 그린다(5군데로 나눠서).

15 눈 밑 가장 내측부터 외측까지 중지를 이용해서 고정원 그리기. 다른 곳의 압력의 1/2 정도의 압력으로 한다(5회씩 2set 실시).

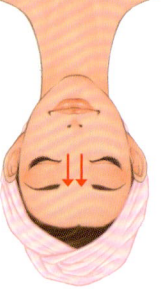
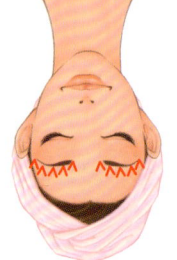
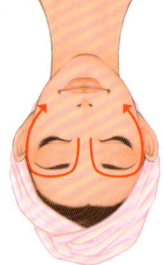

16 검지를 이용하여 가볍게 코 가장 끝 부분부터 찬죽 방향으로 끌어올린다(5회씩 2set 실시).

17 엄지와 검지를 이용하여 눈썹 내측부터 외측으로 5군데로 나눠서 가볍게 찝어준다(5회씩 2set 실시).

18 코의 맨 윗부분부터 엄지로 눈썹 앞머리까지 끌어와서 손가락을 모아 공수하는 것처럼 엄지의 측면으로 눈썹을 가볍게 누른 뒤 얼굴 측면에 새끼손가락 측면을 댄다(5회).

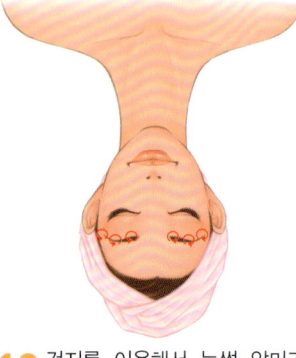
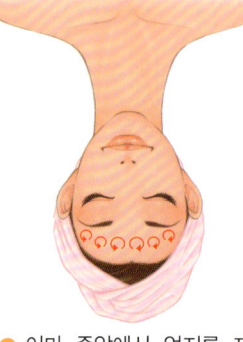
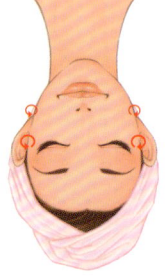

19 검지를 이용해서 눈썹 앞머리 고정원 그리기(5회), 엄지를 제외한 손가락을 이용해서 눈썹 중간 고정원 그리기(5회), 눈썹 외측에 고정원을 그린다(5회씩 2set).

20 이마 중앙에서 엄지를 제외한 네 손가락을 이용하여 가볍게 고정원을 그린다(5회). 이마 측면에서 고정원을 그린다(5회). 이마 가장 외측에서 고정원을 그린다(5회). 2set

21 귀 앞쪽 중간에서 엄지를 제외한 네 손가락을 이용하여 고정원을 그린다(5회). 귀의 가장 밑 부분에서 고정원을 그린다(5회).

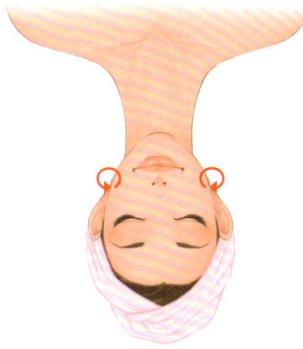

22 엄지를 제외한 네 손가락으로 프로펀더스에 고정원을 그려준다(5회 실시).

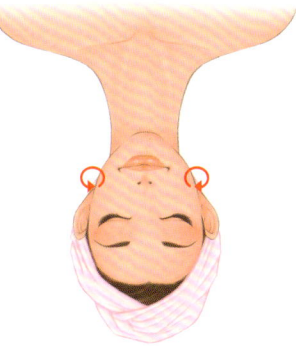

23 엄지를 제외한 네 손가락으로 프로펀더스에 고정원을 그려준다(5회 실시).

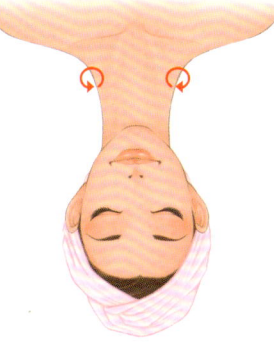

24 목의 측면 중앙 미들에서 고정원을 그려준다(5회 실시).

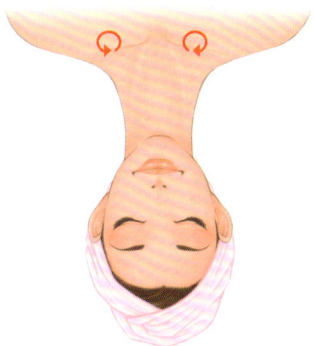

25 터미너스에 고정원을 그려준다(5회 실시).

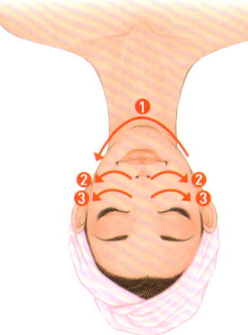

26 앞의 동작을 연결하여 손바닥을 이용해서 턱 쓸어주기. 양손으로 동시에 볼을 쓸어주고 눈 밑을 쓸어준다.

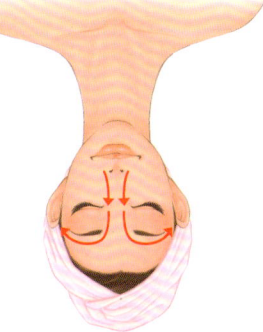

27 코를 쓸어서 이마까지 연결하여 쓸어준다(한 손씩).

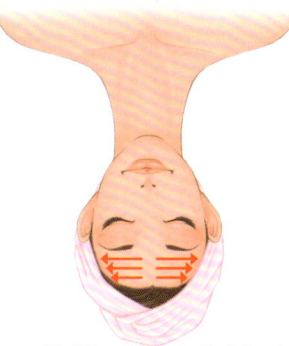

28 엄지를 이용해서 동시에 이마를 쓸어준다.

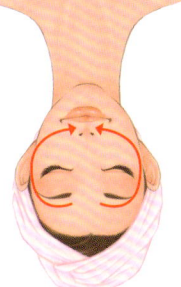

29 이마부터 자연스럽게 볼을 감싸듯 엄지손가락이 눈을 지나면서 이마를 쓸어준다(3회 실시). 양손을 동시에 해준다.

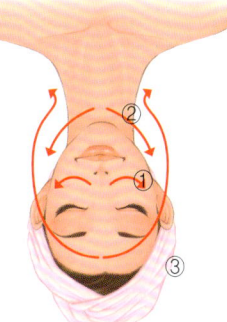

30 엄지를 이용해 볼 쓸어주기. 턱 쓸어주기를 한 후 손 전체를 이용해서 이마에서부터 프로펀더스로 이동. 노폐물 버려주기(1회).

오픈 전 체크 리스트

1 준비물품 리스트

장소	품목	
카운터	상담 테이블, 의자, 소파	
	컴퓨터, 오디오, 스피커, 음악 CD(장르별)	
	상담용 거울, 전화기, 시계	
	명함꽂이, 메모지	
	고객 카드, 관리일보 꽂이	
	비닐 파일, 연필꽂이	
	펀치, 볼펜, 가위, 칼	
	스카치테이프, 견출지, 각티슈	
	미니 난로, 미니 에어컨, 선풍기	
	주차도장, 스탬프	
	고객 예약표	

장소	품목	
진열장	립&아이 리무버, 클렌징 로션	
	스킨 토너(피부 타입별), 에센스(피부 타입별)	
	앰플(피부 타입별), 레티놀 아이크림	
	선크림, 보디 오일, 진정 알로에 젤	
	크림 팩(피부 타입별), 필링 젤	
	엔자임 파우더, 스크럽, 슈가스크럽	
	고마쥐 크림, AHA	

장소	품목	
피부 관리실	베드, 소형 온장고, 소형 냉장고	
	스파출러(중 · 소) 통	
	웨곤, 피부 관리기기	
	EGF 마사지 크림	
	관리사 흰색 반팔 티셔츠, 흰색 바지	
	보디용 오일, 보디용 클렌징	
	관리사 흰색 양말, 흰색 신발	
	개인용 타이머, 면봉통, 수건 담을 바구니	
	관리사 머리 망(긴 머리인 경우)	
	클렌징 로션, 립&아이 리무버	
	고객 핑크 가운, 고객 실내화	
	스킨, 에센스, 모이스처 앰플	
	대형 · 중 · 소 타월, 알코올 및 분무기	

장소	품목	
피부 관리실	레티놀 아이크림, 선크림, 호호바 오일	
	헤어밴드(부착형), 정리 바구니(대)	
	정상 피부 전용 크림 팩	
	화장 솜, 유리볼(소), 종이컵	
	건성 피부 전용 크림 팩	
	오일(얼굴용), 휴지통(소)	
	지성 피부 전용 크림 팩	
	고객 피부 분석 카드, 고객 차트 받침판	
	엔자림 파우더	
	볼펜, 눈썹용 족집게, 눈썹 가위	
	슈가스크럽, 고마쥐 크림	
	펜 브러시, 팩 붓, 해면통(왜건당 2개)	
	AHA, 콜라겐 영양크림	
	제모용 왁스 중탕기, 왁스, 나무주걱	
	원형 바트(소), 면봉, 거즈	
	알코올, 부직포(7×20cm), 화장 솜	
	해면, 티슈, 마스크(흰색)	
	제모용 장갑, 탈컴 파우더, 냉습포	
	화이트 보드(시술 종료 시간 체크)	
	알로에 진정 젤, 초음파 젤 담을 통	
	화이트보드 펜	
	해초 팩 담은 통, 랩, 호일, 열 석고 담을 통	

장소	품목	
탕비실	살균형 세탁기, 냉장고	
	세제, 비누, 건조대, 식기류	
	식탁, 의자	
	고객 접대용 찻잔, 접대용 차	
	음료수, 컵	
	관리사 간식	
	소화기	

장소	품목	
파우더룸	헤어드라이기	
	종류별 헤어 빗	
	무스, 스프레이, 젤	
	헤어 로션	
	핸드 로션, 방향제	
	종류별 화장품	

☑ 피부 관리실의 화장품 선정

피부 관리실에서 사용하는 화장품을 선정하는 것은 매우 중요합니다. 화장품은 각종 성분을 적절하게 배합해서 얼굴과 신체에 바르거나 뿌려서 신체 및 모발을 건강 및 청결하게 하여 아름다움을 유지시키기 위해 사용하는 것입니다. 또한 화장품은 인체를 청결 및 미화시켜서 매력을 더하고 용모를 밝게 변화시키거나 피부 및 모발의 건강을 유지·증진시키기 위하여 인체에 사용되는 물품으로, 인체에 대한 작용이 경미한 것을 말합니다.

과거와는 달리 과학의 진보와 정보화시대 및 글로벌시대를 살고 있는 현대에는 많은 사람들이 신체를 청결히 하는 것과 인간의 본능적 욕망인 미를 추구하기 위해 메이크업 등을 통해 자기를 아름답고 매력 있게 표현해서 마음을 풍요롭게 하는 것, 그리고 자외선이나 건조 등으로부터 피부나 모발을 보호해서 노화를 방지하는 것, 아름답게 나이를 먹으면서 쾌적한 생활을 즐기는 것을 꿈꿉니다. 이를 도와주는 것이 현대 화장품의 주된 목적입니다. 그러므로 피부를 관리할 때 어떤 화장품을 선택하느냐는 고객의 피부 개선 및 만족도에 크게 영향을 미치므로 신중하게 선택해야 합니다.

⚜️ 관리 화장품 및 홈케어용 화장품 설명(화장품은 관리 제품과 판매 제품을 오픈하여 자세하게 설명해야 합니다).

▲ 한방미인 화장품

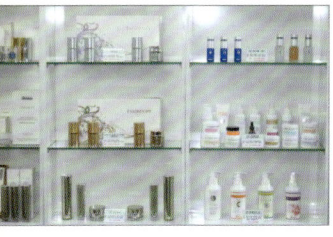

고객과 항상 원활한 커뮤니케이션이 이루어질 수 있도록 제품에 대한 자세한 설명을 함께 붙여놓습니다. 피부 관리실에서 아무리 비싸고 좋은 프로그램으로 관리를 받는다 해도 고객이 평상시 사용하는 화장품이 자신의 피부 타입에 맞지 않는 제품이라면 그 효과를 볼 수 없습니다. 이 경우 고객에게 맞는 홈케어 제품을 바꾸도록 조언해야 합니다.

■ 한방미인 화장품의 공통 미용 성분

• EGF(Epidermal Growth Factor) : '상피 세포 성장 인자' 또는 '세포 재생 인자'라고 합니다.
  – 상피 세포 및 내피 세포 증식 촉진
  – 진피의 구성 성분인 콜라겐을 합성하는 섬유아 세포 증식 촉진
  – 피부 손상 부위의 혈관 생성 촉진 및 기타 재생 촉진 인자의 분비 유도
  – 상처 부위의 흉터 최소화
  – 세포 재생 및 상처 치유 촉진 효과 탁월

• DPG(Dipotassium Glycyrrhizate) : 감초 추출물입니다.
  – Beta Glycy Retinic Acid 성분이 멜라닌 생성을 억제해서 피부 개선 효과
  – 피부 진정 작용 탁월

• 캐머마일 추출물(Chamomilla Recutita Flower Extract)
  – 피부 완화 및 피부를 유연하고 부드럽게 하는 효과 탁월
  – 항염증 작용과 상처 치유 효과 및 피부 진정 효능

• 천연 식물성 복합 성분 #4(Natural Vegetable Complex #4)
  – 목련피 추출물, 자몽 추출물, 나한백 추출물, 녹차잎 추출물
  – 면역 조절 효과 : 면역 조절 기능
  – 가려움증 완화 : 생약 성분의 복합 작용으로 가려움증을 유도하는 물질의 생산을 억제
  – 보습 효과 : 수분 손실 최소화

• 천연 식물성 복합 성분 #7(Natural Vegetable Complex #7)
  – 병풀 추출물, 캐머마일 추출물, 감초 추출물, 녹차 추출물, 호장 추출물, 로즈메리 추출물, 황금 추출물
  – 시토카인 억제 : 생약 성분의 복합 작용으로 염증을 유도하는 물질인 시토카인 생산 억제
  – 항균 효과 : 강력한 항균 효과

❸ 화장품 종류에 따른 특징

■ EGF 클렌징 로션(EGF Cleansing Lotion)

(미네랄 오일, 쌀겨 추출물, 실크 펩타이드)
용량 : 200ml 가격 : 15,000원
청결한 클렌징과 노화 각질
제거를 동시에

제품의 특징 및 효능
- 피부 표면에 있는 메이크업은 물론 피부 노폐물까지 깨끗하게 클렌징합니다.
- 천연 식물성 복합 성분 : 피부 트러블, 피부 항염, 항알레르기 작용을 하고, 진정 작용으로 피부 자극을 완화시킵니다.

미용 성분
- 실크 펩타이드(Silk Peptide)
  - 아미노산과 아미노산 펩타이드 결합에 의한 물질
  - 단백질이나 펩타이드로, 아미노산 성분이 피부에 천연 보습 인자로 작용하여 피부 보습 효과와 피부 활성화 작용
- 쌀배아/쌀겨 추출물(Rice Germ Extract)
  - 피부 보습 및 깨끗한 피부 상태 유지 효과
- 기장 다시마 추출물(Sea tangle Extract)
  - 피부에 지속적인 수분 공급과 피부 장벽 강화 효과
- 미네랄 오일(Mineral Oil)
  - 유연 클렌저, 모공 속 노폐물을 제거

사용 방법
적당량을 덜어 가볍고 신속하게 클렌징한 후 티슈로 닦아내거나, 곧바로 물로 씻어내고 세안해 줍니다.

■ EGF 리무버(EGF Remover)

(장미수, 감초 추출물, 마치현)
용량 : 200ml   가격 : 12,000원
자극 없이 산뜻한 사용감의
포인트 메이크업 리무버

제품의 특징 및 효능
• 눈가나 입술에 자극 없이 피부 노폐물과 메이크업 잔여물을 깔끔하고 산뜻하게
  지워주는 립&아이 포인트 화장 전용 리무버입니다.
• 천연 식물성 복합 성분 : 피부 트러블, 피부 항염, 항알레르기 작용을 하고, 진
  정 작용으로 피부 자극을 완화시킵니다.

미용 성분
• 장미수(Rose Water)
  – 피부를 촉촉하고 윤기 있게 그리고 청결하게 유지
  – 피부를 진정

사용 방법
적당량을 화장 솜에 적셔 예민한 눈 또는 입 부분의 메이크업을 지워줍니다.

■ EGF 스킨 토너(EGF Skin Toner)

(히아루론산, 알란토인, 베타인)
용량 : 200ml 가격 : 11,000원
pH 조절, 유 · 수분 공급,
진정 효과

제품의 특징 및 효능

- 피지 분비량을 조절해서 피부의 번들거림을 방지합니다.
- 천연 보습 성분이 피부에 수분을 공급해서 산뜻하고 촉촉한 피부를 유지시킵니다.
- 천연 식물성 복합 성분 : 피부 트러블, 피부 항염, 항알레르기 작용을 하고, 진정 작용으로 피부 자극을 완화시킵니다.

미용 성분

- 바이오 히아루론산(Bio-Hyaluronic Acid)
  - 히아루론산을 보충해서 피부에 수분 공급
  - 진피의 비섬유질 성분을 흡수, 유지하는 기능
- 알란토인(Allantoin)
  - 알레르기 억제 작용
  - 피부에 전혀 자극이 없으므로 예민한 피부에도 사용 가능
  - 소염 작용 및 진정 효과가 우수
  - 피부 표피의 흡수력 촉진과 피부 각질의 유연성

사용 방법

세안 후 손이나 화장 솜에 적당량을 적셔 건조하기 쉬운 양 볼을 중심으로 가볍게 닦아내듯이 발라줍니다.

■ EGF 에센스(EGF Essence)

(치마버섯 균사체 배양액, 마치현,
실크 펩타이드)
용량 : 200ml 가격 : 15,000원
유 · 수분 공급, 보습 기능 강화, 콜라겐
합성 촉진 에센스

제품의 특징 및 효능

• 피지 분비량을 조절해 피부의 번들거림을 방지합니다.
• 천연 오일 및 천연 보습 성분이 함유되어 유 · 수분 밸런스를 조절해서 건조하
  고 거칠어진 피부를 윤택하게 만듭니다.
• 천연 식물성 복합 성분 : 피부 트러블, 피부 항염, 항알레르기 작용을 하고, 진
  정 작용으로 피부 자극을 완화시킵니다.

미용 성분

• 바이오 히아루론산(Bio-Hyaluronic Acid)
  – 히아루론산을 보충해서 피부에 수분 공급
• 치마버섯 균사체 배양액(SC-Glucan)
  – 피부 건조 방지 및 피부 보습 효과 우수
  – 세포 면역 활성화 기대

사용 방법

적당량을 덜어 피부결에 따라 얼굴선 끝까지 가볍게 펴발라 잘 스며들게 해줍니
다.

■ EGF 모이스처 앰풀(EGF Moisture Ampoule)

(EGF 세포 성장 인자, 히아루론산, 베타인)
용량 : 30ml 가격 : 22,000원
끈적임이 없는 고보습의 피부 트러블 방지 및
진정 작용 앰풀

제품의 특징 및 효능
• 무색소, 무향, 천연 방부제 함유
• 리피듀어 피엠비 함유로 히아루론산의 2배 이상의 보습 효과와 수분 증발을 막아 피부의 거칠어짐 방지
• 천연 식물성 복합 성분 : 피부 트러블, 피부 항염, 항알레르기 작용을 하고, 진정 작용으로 피부 자극 완화

미용 성분
• 리피듀어 피엠비(Lipidure PMB)
  – 피부 보호와 수분 증발을 막아 피부의 거칠어짐 방지
  – 피부 윤택을 유지하고 히아루론산의 2배 이상의 보습 효과
  – 흡수력과 보습 효과 탁월
• 베타인(Betain)
  – 천연 아미노산(글리이신) 보습제로 보습 효과 탁월

사용 방법
적당량을 덜어 얼굴에 고루 흡수시킵니다.

■ EGF 콜라겐 영양크림(EGF Collagen Cream)

(콜라겐, 비타민 E, 치마버섯 균사체 배양액)
용량 : 200ml   가격 : 18,000원
콜라겐 생합성 촉진,
고보습, 염증 억제 크림

제품의 특징 및 효능

• 콜라겐 함유로 피부 탄력을 좋게 하여 주름을 방지합니다.

• 천연 보습 인자 및 식물성 오일을 첨가하여 피부를 항상 촉촉하게 유지시킵니다.

미용 성분

• 콜라겐(Collagen)

 − 피부의 수분량을 증가시켜서 피부 보습 효과

 − 세포 탄력을 좋게 하여 주름을 방지

• 치마버섯 균사체 배양액(SC−Glucan)

 − 피부 건조 방지 및 피부 보습 효과 우수

 − 세포 면역 활성화 기대

 − 피부 지질 과산화 방지 효과

사용 방법

적당량을 덜어 피부결에 따라 얼굴선 끝까지 가볍게 펴 발라줍니다.

■ EGF 마사지크림(EGF Massage Cream)

(살구씨 오일, 비타민 E, 실크 펩타이드, EGF)
용량 : 200ml 가격 : 12,000원
혈행 촉진, 자극 없는 각질 제거,
피부 유연 효과 탁월

제품의 특징 및 효능

• 피부 친화성 오일과 토코페롤 유도체에 의한 마사지 효과로 혈행 촉진에 도움
을 줍니다.

• 수분 증발을 억제하고, 피부를 윤기 있고 탄력 있게 가꿉니다.

• 천연 식물성 복합 성분 : 피부 트러블, 피부 항염, 항알레르기 작용을 하고, 진
정 작용으로 피부 자극을 완화시킵니다.

미용 성분

• 실크 펩타이드(Silk Peptide)
  – 피부에 천연 보습 인자로 작용하여 피부 보습 효과와 피부 활성화 작용

• 스쿠알렌 오일(Squalene Oil)
  – 피부에 우수한 감촉을 주며 피부 유연 효과 탁월
  – 피부를 부드럽고 촉촉하게 유지

• 살구씨 오일(Apricot Kernel Oil)
  – 각질을 자극 없이 부드럽게 제거
  – 민감하고 건조한 피부에 효과

• 비타민 E 아세테이트(Vitamin E Acetate)
  – 피부 내에서 자연 보습 기능을 담당하고 산화 방지제로 사용

사용 방법

적당량을 덜어 고루 펴 바르고 부드럽게 마사지한 후 티슈나 미온수로 닦아내 줍
니다.

■ 선블록 실키 크림

(초미립자 Tio2, 시어 버터, 황백 추출물)
용량 : 200ml 가격 : 12,000원
자극 없는 물리적 자외선 차단제, 워터 프루프 기능,
피지 분비 조절 작용의 차단 효과

제품의 특징 및 효능

- 산뜻하고 부드러운 감촉으로 피부에 밀착감을 주는 자외선 차단제로, 피부 자극을 최소화하여 섬세하고 연약한 피부에 적합한 제품
- UVA와 UVB를 동시에 차단하여 자외선으로부터 피부를 보호하여 건강한 피부로 가꿉니다.
- 초미립자 친수성 Tio2를 사용하여 끈적임 없이 산뜻한 발림성으로 메이크업할 때도 피부에 부담이 없고 물과 땀에 강한 워터 프루프(Water Proof) 타입으로 지속성이 우수합니다.

미용 성분

- 초미립자 Tio2
- 자외선 차단제
- 황백 추출물(Phellodendron Bark Extract)
  - 피지 분비 조절 작용, 항산화 작용과 자외선 차단, 피부 노화 예방 효과
- 시어 버터(Shea Butter)
  - 피부를 건조하지 않게 하며 햇빛으로부터 보호 작용
  - 피부 천연 보호막 기능을 더욱 강화
- 식물성 마치현(쇠비름) (Portulaca Oleracea Extract)
  - 민감성 피부, 알레르기 피부 개선 효과

사용 방법 : 외출 전 20분 전에 피부에 고루 발라 줍니다.

■ EGF 조조바 오일(EGF Jojoba Oil)

(비타민 E, 각종 비타민, 식물성 스테롤 효소)
용량 : 200ml 가격 : 12,000원
퍼짐성과 수분 유지의 효과

제품의 특징 및 효능

• 각종 비타민과 식물성 스테롤 효소를 함유하고 있습니다.

• 불포화지방산과 포화지방산이 고루 함유되어 있으며, 인체의 피지와 지방산의 구조가 거의 같으므로 퍼짐성과 침투력이 좋습니다.

• 영양분을 공급하는 효능이 뛰어나고, 피부의 수분 함량을 안정시키도록 도와줍니다.

미용 성분

• 조조바 오일(Jojoba Oil)

  – 민감한 피부 타입을 위한 항생 물질 오일

  – 피부염과 여드름, 피지 제거 효과 탁월

  – 모공 관리에도 효과적이고, 비타민 E 풍부

사용 방법

적당량을 덜어 마사지하듯 부드럽게 발라준 뒤 씻어냅니다.

■ EGF AHA 솔루션(EGF AHA Solution)

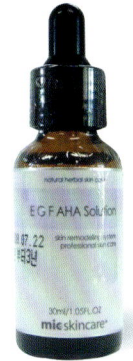

(글라이콜릭산, 젖산)
용량 : 30ml
가격 : 10,000원
과각질 제거의 피부 개선 효과

제품의 특징 및 효능

• 각질 제거 및 과각질 감소, 각질 분해로 피부 상태를 개선해서 매끄럽고 탄력 있는 피부로 가꿔줍니다.

• 묵은 각질을 제거하고 과다한 피지 분비를 조절하여 피부 트러블을 막아줍니다.

미용 성분

• AHA

　– 표피 박탈 : AHA는 피부 표피 세포 사이의 결합을 약하게 함으로써 표피 세포가 쉽게 떨어지게 하여 지저분한 각질을 제거하는 효과가 있습니다.

　– 피부의 보습과 피부의 잔주름이 완화되어 피부의 탄력을 강화시킵니다.

　– 피부를 맑게 가꾸어줍니다.

사용 방법

• 눈, 코, 입에 들어가지 않도록 젖은 아이패드를 덮어준 뒤 유리볼에 적당량을 덜어서 피부결을 따라 면봉으로 바릅니다.

• 일반적으로 이마, 코, 뺨, 턱 순으로 발라줍니다(T존 → U존).

• 각질이 많은 부분을 먼저, 피부가 얇은 부분은 마지막에 바릅니다.

• 차가운 해면으로 제거한 후 냉타월로 진정시키면서 제거합니다.

• 피부 관리할 때 상황에 따라 적절히 사용합니다(중성 피부 : 2~3분, 건성 피부 : 1~2분, 지성 피부 : 3~5분

✳ **AHA의 종류**

• 과일(레몬) : CitricAcid (시트릭에시드–구연산)

• 사탕수수 : Glycolic Acid (글리콜릭 에시드–글리콜릭산)

• 발효된 우유 : LacticAcid (락틱 에시드–젖산)

• 과일(사과) : Malic Acid (말릭 에시드–사과산)

• 포도주 : Tartaric Acid (타타릭 에시드–주석산)

✳

• 홍반, 통증 등이 생기는 경우 즉시 차가운 화장솜으로 닦아내고, 냉습포로 진정시킵니다.

• AHA 솔루션은 잘못 사용했을 때 피부에 자극을 줄 수 있습니다(민감/예민 피부 사용 금지).

■ EGF 고마쥐 크림팩(EGF Gommage Cream)

(파파인, B.H.A, 살구 추출물)
용량 : 100ml/200ml
가격 : 15,000원
무자극 노화 각질 제거 크림

제품의 특징 및 효능

• 피부에 쌓인 노폐물 및 묵은 각질을 제거합니다.

• 파파야, 버드나무, 살구 천연 추출물이 함유되어 무자극 필링 효과가 뛰어납니다.

• 뛰어난 보습 효과로 땅김 없이 피부를 가꿉니다.

• 천연 식물성 복합 성분 : 피부 트러블, 피부 항염, 항알레르기 작용을 하고, 진정 작용으로 피부 자극을 완화시킵니다.

미용 성분

• 버드나무 추출물(Willow Extract)

  – BHA(바하) 성분이 함유되어 피부 표면 각질을 연화 및 정돈

  – 피부를 부드럽고 매끈한 피부결을 가꾸어주는 효과

  – 피부 탄력 증진 효과

• 살구 추출물(Apricot Extract)

  – 피부 탄력 손실과 이것을 예방 및 완화시키는 효과

  – 각질의 필링 효과로 피부 청결과 활력 부여

사용 방법

얼굴 전체에 얇게 고루 펴 바르고 1~2분 후 가볍게 피부결에 따라 각질을 탈락시켜 줍니다.

■ EGF 엔자임 파우더(EGF Enzyme Powder)

(파파인, 베타인)
용량 : 80g
가격 : 36,000원
천연 효소 성분의 과도한 피지 제거 효과

제품의 특징 및 효능
• 천연 효소 성분으로, 피부의 과도한 피지와 노폐물 및 각질을 깨끗이 정리해서
  맑고 건강한 피부로 가꿔줍니다.
• 천연 사탕무에서 추출한 베타인 성분을 함유하여 피부 보습 효과가 뛰어나고,
  세정 후에도 한결 매끄럽고 촉촉함을 느낄 수 있습니다.
• 효소는 수분과 온도에 의해 활성화되므로 얼굴에 직접 약한 스팀을 사용하면
  효과가 더욱 좋습니다.

미용 성분
• 파파인(Papain)
  - 케라틴을 용해시키는 능력이 있는 파파야(Papaya) 효소
  - 피부 각질을 부드럽게 제거하는 각질 제거제

사용 방법
적당량을 덜어 물과 혼합하고 팩 붓으로 얼굴에 도포한 후 해면이나 미온수로 닦
아내거나 피부 관리할 때 상황에 따라 적절히 사용합니다(캡을 왼쪽 방향으로 개
봉하여 마개 제거 후 사용).
예민 피부 : 2~3분, 보통 피부 : 5~7분, 지루성 피부 : 10분 (피부 타입별로 시간
조절하고 10분을 경과하지 않아야 합니다.)

■ EGF 슈가 스크럽(EGF Sugar Scrub)

(흑설탕)
용량 : 100ml/200ml
가격 : 18,000원
각질, 노폐물 제거 효과 탁월

제품의 특징 및 효능
• 미네랄이 풍부한 흑설탕을 함유하여 피부 표면의 묵은 각질 및 노폐물을 자극 없이 관리해서 맑고 건강한 피부로 가꾸어줍니다.
• 충분한 보습제 함유로 필링 후에도 피부 당김이 없습니다.

미용 성분
• 흑설탕(Sugar)
  - 피부 세포 활성화에 필요한 미네랄과 비타민이 풍부해 각질 및 노폐물을 자극 없이 제거

사용 방법
세안 후 물기가 있는 상태에서 적당량을 덜어 눈가와 입가를 제외한 얼굴 전체에 고루 펴 발라 10분 이내로 가볍게 마사지합니다.(피부에 자극이 적도록 물이나 화장수와 섞어서 사용해도 됩니다.)

■ EGF 알로에 진정 젤(EGF Soothing Gel)

(알로에, 알로에 베라 젤)
용량 : 100ml
가격 : 25,000원
민감, 진정, 보습, 성장 세포 촉진 효과

제품의 특징 및 효능
• 자극으로 예민해진 피부를 진정시켜 정상적인 피부로 회복시킵니다.
• 햇빛에 장시간 노출된 피부를 진정시켜 부드럽고 유연하게 합니다.

미용 성분
• 알로에 추출물(Aole Extract)
  – 피부의 이완 효과 우수
  – 보습 능력이 탁월하고 민감한 피부에 진정 효과 우수
• 알로에 베라 젤(Aole Vera gel)
  – 피부를 유연하게 하며, 보습 효과 탁월
  – 피부의 성장 세포를 촉진시키는 능력이 우수하며 진정 효과 탁월

사용 방법
적당량을 덜어 고루 펴 발라 진정시키거나 피부 관리할 때 상황에 따라 적절히 사용합니다.
※ 진정, 수분 팩으로 사용할 경우 : 2mm 정도의 두께로 바른 후 15~20분 정도 지난 후 찬물로 닦아줍니다.

■ EGF 탈컴 파우더(EGF Talcum Powder)

(탈크, 징크 옥사이드)
용량 : 10g
가격 : 4,800원
왁스의 접촉성을 높이는 제모용 파우더

제품의 특징 및 효능

• 제모할 부위에 발라 왁스의 접촉성을 높입니다.

• 땀, 수분을 잘 흡수하여 매끈매끈한 감촉의 피부를 유지시킵니다.

미용 성분

• 탈크(Talc)

 – 피부를 부드럽고 매끄럽게 합니다.

• 징크 옥사이드(Zinc Oxide)

 – 피부 진정, 보호, 치료

 – 자극과 자외선으로부터 피부를 보호

 – 항박테리아 성질(세포의 증식을 억제 또는 세균을 사멸시키는 작용)

사용 방법

적당량을 덜어 브러시나 분첩으로 고루 펴 바르거나 제모할 때 모가 난 반대 방향
으로 펴 발라줍니다.

■ EGF 립 크림(EGF Lip Cream)

(시어 버터, 스쿠알렌 오일)
용량 : 25ml
가격 : 4,800원
촉촉한 입술 유지, 수분 증발 억제 효과

제품의 특징 및 효능

• 건조한 입술에 보습 및 영양을 공급하여 아기 입술처럼 촉촉하고 건강한 입술로 만듭니다.
• 거칠어지기 쉽고, 트고 갈라진 입술에 보습을 강화하여 수분 증발을 막습니다.

미용 성분

• 시어 버터(Shea Butter)
  – 피부 천연 보호막 기능을 더욱 강화시키는 역할을 하여 피부를 촉촉하게 유지
  – 피부를 건조하지 않게 하며 햇빛으로부터 보호
• 스쿠알렌 오일(Squalene Oil)
  – 피부에 우수한 감촉을 주며 피부 유연 효과 탁월
  – 피부에 있는 수분 증발의 억제 효과가 탁월

사용 방법

적당량을 덜어 입술에 고루 펴 발라줍니다.

■ EGF 클렌징 오일(EGF Cleansing Oil)

(로즈힙 오일, 올리브 오일)
용량 : 200ml 가격 : 12,000원
자극 없는 워시오프형, 노폐물 제거 및
클렌징 오일

제품의 특징 및 효능
• 클렌징 후에도 피부에 수분막을 형성하여 촉촉한 피부를 유지시킵니다.
• 오일이 피지 성분을 녹여줍니다.

미용 성분
• 마카데미아 넛 오일(Macadamia nut Oil)
  – 유연제로서 피부에 사용 후 부드럽고, 끈적임과 자극이 없음
• 로즈 힙 오일(Rose Hip Oil)
  – 피부의 습윤성, 염증 억제, 세포 조직의 활성화
• 올리브 오일(Oilve Oil)
  – 피부 손상을 막아주고 피부의 노화까지 방지
• 살구씨 오일(Apricot Seed Oil)
  – 각질을 자극 없이 부드럽게 제거

사용 방법

❊
손이 젖은 상태이면 오일이 희석되어 효과가 떨어지므로 반드시 물기를 제거한 손으로 발라야 합니다.

물기가 없는 손에 적당량을 덜어 얼굴 전체에 부드럽게 마사지하듯 문질러 메이크업을 클렌징한 후 물로 세안 해 줍니다. 사용 후 오일 성분이 모공에 남아 있으면 여드름이나 뾰루지가 생길 수 있으므로 폼 클렌징으로 이중 세안을 하는 것이 좋습니다.

■ EGF 지성 전용 크림 팩(EGF OilySkin Cream Pack)

(치마버섯, 녹차, 티트리오일 나노좀)
용량 : 100ml/200ml
가격 : 20,000원
피지 조절, 염증 억제 크림 팩

제품의 특징 및 효능

- 깨끗한 피부를 위해 충분한 수분 공급과 피지 조절의 크림 팩입니다.
- 끈적임 없이 부드러운 감촉으로 피부에 자극을 주지 않는 제형입니다.
- 피지 분비를 적절히 조절하고, 트러블을 완화시켜 피부 개선 효과가 탁월합니다.

사용 가능한 피부 타입

- 피지 분비가 과다하여 모공이 넓은 피부
- 세안 후 얼마 지나지 않아서 곧 얼굴에 유분감이 느껴지는 피부
- 피부 전체가 번들거리고 화장이 쉽게 지워지면서 지저분해지는 피부

미용 성분

- 녹차 추출물(Camellia Sinensis Extract-Green tea Extract)
  - 여드름에 효과적인 비타민 성분을 포함하여 미백, 항노화, 항균 효과
  - 여드름균 및 각종 미생물에 대한 항균 효과 탁월
  - 피부 색소 침착을 억제하고 피부결을 매끈하게 관리
- 티트리 오일 나노좀(Tea Tree Oil Nanosome)
  - 살균 소독(박테리아 성장 억제)의 효능
  - 피부 세균과 염증 억제 효과

사용 방법

적당량을 덜어 손 또는 팩 붓으로 얇게 도포하고 10분 후 해면이나 냉습포 혹은
찬물로 닦아냅니다.

■ EGF 건성 전용 크림 팩(EGF Dry Skin CreamPack)

(바이오 히아루론산, 마치현, 콜라겐)
용량 : 100ml/200ml
가격 : 20,000원
고보습의 영양 공급 크림 팩

제품의 특징 및 효능

• 깨끗한 피부를 위해 충분한 영양 공급과 보습을 주는 크림 팩입니다.
• 끈적임 없이 부드러운 감촉으로 피부에 자극을 주지 않는 제형입니다.
• 유분과 수분을 충분히 공급해서 피부 당김 개선 효과와 주름 개선 효과에 도움
을 줍니다.

사용 가능한 피부 타입

• 세안 후에 아무것도 바르지 않으면 심하게 당기는 피부
• 화장을 해도 건조해서 화장이 잘 받지 않는 피부
• 피부에 윤기가 없고 거칠고 잔주름이 잘 생기는 피부

미용 성분

• 리피듀어 피엠비(Lipidure PMB)
  – 피부 보호와 수분 증발을 막아 피부의 거칠어짐 방지
  – 피부 윤택함을 유지하고 히아루론산의 2배 이상의 보습 효과
• 바이오 히아루론산(Bio-Hyaluronic Acid)
  – 히아루론산을 보충해서 피부에 수분 공급, 보습 기능 강화
• 콜라겐(Collagen)
  – 피부의 습도를 높여 수분량을 증가시켜서 피부 보습 역할
  – 피부 탄력을 좋게 하여 잔주름을 방지

사용 방법

적당량을 덜어 손 또는 팩 붓으로 얇게 도포하고, 10분 후 해면이나 냉습포 혹은
찬물로 닦아냅니다.

■ EGF 중성(정상) 전용 크림 팩(EGF Normal Skin CreamPack)

(DNA 마린, 바이오 히아루론산)
용량 : 100ml/200ml
가격 : 20,000원
정상 피부 유지를 위한 보습 강화 크림 팩

제품의 특징 및 효능

- 깨끗한 정상 피부를 위해 충분한 영양 공급과 보습을 주는 크림 팩입니다.
- 끈적임 없이 부드러운 감촉으로 피부에 자극을 주지 않는 제형입니다.
- 천연 식물성 복합 성분 : 피부 트러블, 피부 항염, 항알레르기 작용을 하고, 진정 작용으로 피부 자극을 완화시킵니다.

사용 가능한 피부 타입

- 피지 분비량이 정상적인 상태
- 화장이 잘 받고 잘 지워지지 않는 피부
- 피부에 탄력이 좋고 잔주름이 없는 피부
- 매끄럽고 촉촉하며 잡티가 없는 피부

미용 성분

- 바이오 히아루론산(Bio-Hyaluronic Acid)
  - 히아루론산을 보충해서 피부에 수분 공급, 보습 기능 강화
  - 진피의 비섬유질 성분을 흡수, 유지하는 기능
- DNA 마린(DNA Marine)
  - 글리세린이나 콜라겐보다 더 효과적인 모이스처라이저
  - 각질층에 대한 친화력으로 피부 표면에 붙어서 보호 기능과 피부 수분 유지

사용 방법

적당량을 덜어 손 또는 팩 붓으로 얇게 도포하고, 10분 후 해면이나 냉습포 혹은 찬물로 닦아냅니다.

■ EGF 복합성 전용 크림 팩(EGF Combination Skin CreamPack)

EGF 복합성 전용 크림팩
(치마버섯, 마치현, 상백피 추출물)
용량 : 100ml/200ml
가격 : 20,000원
복합성 피부를 위한 특수 크림 팩

제품의 특징 및 효능

• 깨끗한 피부를 위해 충분한 영양 공급과 보습을 주는 크림 팩입니다.
• 끈적임 없이 부드러운 감촉으로 피부에 자극을 주지 않는 제형입니다.
• 피지 분비의 불균형으로 두 가지 이상의 피부 성질(지성, 건성)의 밸런스를 맞추어줍니다.

피부 타입

• 지성과 건성의 문제점을 함께 지니고 있는 피부
• 피지 분비량이 균형을 이루지 못하여 중성과 지성 건성 피부의 문제점이 함께 있는 상태의 피부
• T존의 모공이 넓고, 눈가나 입가에 잔주름이 형성되기 쉬운 건조한 피부

미용 성분

• 상백피 추출물(Morus Alba Root Extract))
 – 피지 분비 조절, 피부 트러블을 효과적으로 진정
 – 티로시나제의 활성을 억제하여 피부 미백에 탁월한 효과
  (티로시나아제 : 산소가 존재하는 곳에서 산화하여 멜라닌을 생성하는 효소)
• 마치현(쇠비름, Portulaca Oleracea Extract)
 – 민감성 피부, 알레르기 피부 개선 효과
 – 항염, 항산화, 항알레르기 효과 우수

사용 방법

적당량을 덜어 손 또는 팩 붓으로 얇게 도포하고, 10분 후 해면이나 냉습포 혹은 찬물로 닦아냅니다.

❹ 간접적인 커뮤니케이션 – 제품 진열 및 포스터

원장이나 매니저가 직접 프로그램을 홍보하거나 제품에 대한 상담을 할 수도 있지만, 제품 진열이나 벽에 붙여놓은 홍보용 포스터 및 제품 정보, 신설 프로그램의 예시표는 고객의 호기심과 관심을 유발시킬 수 있는 효과적인 간접적인 커뮤니케이션입니다. 피부 관리실에 홍보용 간접적 커뮤니케이션이 이루어질 수 있는 것들이 전혀 없는 관리실보다 늘 변화하고 연구해서 직·간접적으로 고객과의 커뮤니케이션 및 상담 등으로 얼굴과 전신의 관리가 이루어지면서 발전하는 피부 관리실이 매출에도 큰 영향을 미칠 것입니다. 또한 보다 새롭고 다양한 프로그램과 제품을 홍보하는 것은 고객에게도 매우 긍정적인 경영 방법입니다.

피부 관리실 상담실에 예쁘게 화장품을 진열하고 특징을 간략히 정리해서 고객이 쉽게 접할 수 있고 발라볼 수 있도록 해봅시다.

▲ 다이아 Set

▲ 이달의 판매 신제품 다이아 노화 라인, 미백 라인

프로그램 및 예약표 예시

우리가 물이 먹고싶을 때 기름이 아닌 물을 먹는 것처럼 고객의 피부가 수분이 필요할 때 유분이 아닌 수분을 충분히 공급해야 하는 것처럼 프로의 멋진 모습으로, 고객을 진심으로 사랑하는 마음으로 고객에게 맞는 맞춤 프로그램과 맛있는 화법을 가지고 고객 피부 분석 카드를 세심하게 작성한 뒤 프로그램을 실행할 수 있는 전문가로 거듭나야 합니다.

기본 프로그램(예시표)

- **베이식 케어** 클렌징 → 각질 케어 → 초음파 → 마사지 → 보습 팩 : 2만 원/10회 15만 원, 50분
- **보습 케어** 클렌징 → 각질 케어 → 초음파 → 1차 팩 → 데콜테 → 콜라겐 마사지 → 보습 앰플(이온토포레시스) → 보습 마스크 → 빗질 마무리(은빗 이용, 독소 배출) : 5만 원/10회 40만 원, 1시간
- **안티에이징** 클렌징 → 각질 케어 → 스페셜 1차 팩 → 데콜테 → 초음파 → 얼굴 축소 마사지 → 앰플 투여 → 특수 마스크 → 빗질 마무리(은빗 이용, 독소 배출) : 5만 원/10회 40만 원, 1시간
- **화이트 케어** : 클렌징 → 각질 케어 → 화이트닝 1차 마스크 → 데콜테 → 화이트닝 특수 마사지 → 화이트 앰플 투여(이온토포레시스) → 화이트닝 팩 → 마무리(은빗 이용, 독소 배출) : 5만 원/10회 40만 원, 1시간

- **여드름 케어** 클렌징 → 각질 전용 케어(AHA) → T존 피지 & 코 피지 팩+U존 여드름 전용 1차 팩 → 초음파 → 여드름 특수 전문 관리 → 여드름 전용 앰플 투여 → 쿨 or 여드름 전용 팩 → 빗질 마무리(은빗 이용, 독소 배출) : 5만 원 /10회 40만 원, 1시간
- **아로마 케어** 클렌징 → 딥 클렌징 → 아로마 → 스티머 → 데콜테 및 얼굴 마사지 → 앰플 투여 → 특수 마스크 → 두피 마사지 및 빗질(독소 배출) : 5만 원/10회 40만 원, 1시간

스페셜 프로그램

왕후 케어 은빗 빗질 독소 배출 → 클렌징 → 각질 케어 → 1차 팩 → 데콜테 → 콜라겐 및 히아루론산 특수 마사지 → 특수 앰플 투여 → 벨벳 특수 마스크 → 은빗 이용 머리 빗기 마무리 : 15만 원/10회 140만 원, 1시간

보디 기본 프로그램

- **복부 관리** 클렌징 → 각질 케어 → 핫젤 → 복부 마사지 → 멀티봉 → 마무리 : 4만 원/10회 35만 원, 50분
- **등 관리** 클렌징 → 각질 케어 → 등 마사지 → 석션 → 멀티봉 → 마무리 : 5만 원/10회 45만 원, 50분
- **팔 기본** 클렌징 → 각질 케어 → 팔 마사지 → 석션 → 마무리 : 3만 원/10회 25만 원, 50분
- **다리 기본** 클렌징 → 각질 케어 → 다리 마사지 → 석션 → 마무리 : 4만 원/10회 35만 원, 50분
- **발 기본** 클렌징 → 각질 케어 → 발 관리 → 발 패드 : 5만 원/10회 45만 원, 50분

보디 스페셜 프로그램

- **복부 특수** 클렌징 → 각질 케어 → 고주파 → 아로마 독소 배출 마사지 → 슬리밍 핫젤 → 래핑 → 적외선 → 멀티봉 → 공기압 마사지 → 특수 팩 → 마무리 :

15만 원/10회 140만 원, 1시간

- **등 특수** 클렌징 → 각질 케어(솔트) → 고주파 → 등 특수 마사지 → 석고 팩 → 마무리 : 15만 원/ 10회 140만 원, 1시간
- **팔 특수** 클렌징 → 각질 케어 → 고주파 → 팔 특수 마사지 → 특수 팩 → 래핑 → 적외선 → 마무리 : 15만 원/10회 140만 원, 1시간
- **다리 특수** 클렌징 → 각질 케어 → 고주파 → 하체 특수 관리 → 특수 팩 → 다리 패드 → 마무리 : 15만 원/140만 원, 1시간
- **발 특수** 클렌징 → 각질 케어 → 발 특수 관리 → 지압봉, 발 특수 팩+발 패드 : 15만 원/10회 140만 원, 1시간

홈케어 제품의 중요성 홍보 및 판매 화법

냉장고에 과일을 아무것으로도 싸지 않고 넣어 놓는 것보다 밀폐 용기나 신문지 또는 휴지로 싸서 넣어야 더 싱싱하게 보관할 수 있습니다. 이와 같이 우리 피부에도 주름 기능성 화장품으로 늘 보호막을 만들어준다면 젊고 건강한 피부로 오래 유지할 수 있습니다.

스타킹의 올이 나간 경우를 상상해 보세요.

스타킹의 올이 나간 것처럼 우리 눈에는 보이지 않지만 노화 피부의 밀도는 급격하게 떨어질 수 있습니다. 그러므로 중력이나 내적인 원인에 의해서 피부가 노화되고 탄력이 떨어지는 것을 막아주는 것은 매우 중요합니다. 그리고 반드시 여기에 맞게 관리해야만 젊은 피부를 오랫동안 유지할 수 있습니다.

중간중간에 구멍난 거미줄을 본 기억이 있을 것입니다. 구멍나지 않고 촘촘한 거미줄과 같은 피부 밀도가 높은 피부 유지를 위해서는 본인에게 맞는 화장품을 사용해서 관리해야 합니다.

아이들이 풍선을 처음 불었을 때는 탱탱하고 탄력 있지만, 한참 가지고 놀면 바람이 빠집니다. 피부도 오랫동안 탄력을 유지하려면 안으로는 좋은 음식을 먹고, 겉으로는 꾸준히 관리하면서 피부 타입에 맞는 화장품을 사용하는 것이 매우 중요합니다.

윤기 흐르고 맛있어 보이는 오렌지와 썩기 직전의 쭈글거리는 오렌지!

어떤 오렌지가 보기 좋으신가요? 피부도 마찬가지로
어떻게 관리를 하고 보호하면서 어떤 타입의 화장품을
흡수시키느냐가 중요합니다. 노화를 최대한 지연시킬
수 있는 다양한 방법을 미루지 마시고 지금부터 계획
적으로 실천하세요.

약간 늘어진 천을 쫙 잡아 당겨서 압정을 꽂아놓은 듯
한 탱탱한 피부를 오래 유지하는 것은 고객의 선택과
실천에 달려 있습니다.

집 안에서 화초를 키우죠? 화초가 말라가면 영양제를 꽂아줄 겁니다. 그런데 소
중한 자신의 피부를 위해서 시간과 노력을 투자하는 것을 게을리 해서는 안됩니
다. 이제는 소중한 자신을 위해 투자할 때입니다. 이 화장품은 신기술 화장품의
유효 성분이 흡수를 촉진시키기 때문에 빠르고 안전하게 나노 입자의 성분이 피
부를 아름답게 가꾸어 줍니다.

화장품도 중요하지만 식생활과 생활 습관도 매우 중요합니다. 이너 뷰티와 아우터
뷰티를 모두 완성하는 웰빙 음식이나 건강기능식품도 젊은 피부 유지를 위한 탁월
한 관리 방법입니다. 이제 자신의 건강과 아름다움을 위해 노력하세요. 음식도 편
식하지 말고, 다이어트 중이라면 고영양 저칼로리의 음식 섭취에 신경 쓰세요.
환경이 건조하면 불이 많이 나는 것처럼 우리 피부가 건조하다는 것은 민감성 피
부로 갈 수 있는 확률이 높아지는 것입니다. 이때 무엇을 발라주느냐가 매우 중요
하므로 건성피부나 문제성 피부가 되지 않도록 꾸준한 관리가 필요합니다.

시골의 논바닥을 연상해 보세요. 제때 물을 대주고 기름지게 거름도 줘야 하는데
이것들이 부족할 경우에는 심하게 갈라지게 됩니다. 우리 피부도 마찬가지입니
다. 늘 촉촉하게 유수분의 밸런스를 맞춰주고, 일반 화장품보다는 기능성 화장품
(주름 개선 기능성, 미백 기능성, 자외선 차단 기능성)으로 영양 공급을 해주면 젊
은 피부를 오래 유지할 수 있습니다.

겨울에 따뜻한 코트를 입고 나가는 것과 얇은 옷만 입고 나갔을 경우를 비교해 보세요. 따뜻한 코트의 역할처럼 피부를 외부 자극으로부터 막아주고 노화되는 것을 막아주는 개념과 같은 것이 화장품입니다.

빨래를 빨리 말리기 위해서 햇빛이 잘 들고 바람이 잘 부는 곳을 찾아서 널어놓습니다. 피부도 건조해지면 주름이 생기고, 주름의 골이 깊어지면서 탄력이 떨어지면서 이중 턱과 삼중 턱이 됩니다. 이에 따라 자연 노화와 중력 등의 영향으로 빠르게 노화가 진행되는 데, 이를 막아주는 것이 중요합니다. 그렇게 하려면 주름 기능성 화장품을 이용하고, 반드시 자외선 차단제를 발라서 노화를 억제시켜야 합니다.

방바닥에 커피를 흘리고 신문지를 떨어뜨려서 말라붙었을 때 손톱으로 긁어서 떼려면 잘 안 떨어지고, 방바닥에 흠집이 납니다. 이 경우 따뜻한 물을 부어서 충분히 불린 후에 떼어내면 잘 떨어지는 것처럼 우리 피부의 잡티나 건조함의 전반적인 문제 해결의 기본은 수분 공급입니다. 색소 침착도 수분을 충분히 공급해야 미백 기능성 성분의 활성이 잘 이루어집니다. 또한 효과가 더욱 빨리 나타나고, 노화나 기타 다른 피부의 경우에도 수분 공급은 기본적이며 매우 중요합니다.

자외선 차단제가 필수품인 이유!

많은 피부 관리실을 다녀보지만 밑빠진 독에 물 붓기식의 피부 관리를 하는 곳도 많습니다. 우리는 자외선 차단제의 중요성을 바르게 인식하고 반드시 바르도록 고객들에게도 각인을 시켜야 합니다. 주로 실내에서 생활을 하는 도시 사람들과 농촌에서 농사를 짓거나 바다에서 생업을 위해 일하는 비슷한 나이대의 사람들을 비교해 보면 주름의 정도나 색소 침착이 크게 차이가 나는 것을 알 수 있습니다. 이것은 자외선의 영향 때문입니다. 늘 실내에서 지내는 사람이라도 자외선 차단제를 바르는 것이 좋습니다. 아울러 SPF 30(자외선 B차단 지수) PA+++(자외선 A차단 지수)와 같이 자외선 A차단과 자외선 B차단이 모두 되는 차단제를 발라야 합니다.

예약표 예시표

시간	월/일 (요일)	고객명	관리 담당자	월/일 (요일)	고객명	관리 담당자	월/일 (요일)	고객명	관리 담당자
AM 10시									
11시									
12시									
PM 1시									
2시									
3시									
4시									
5시									
6시									
7시									
8시									

피부의 특징

건성피부

세안후 심하게 당긴다.

하얀 각질과 버즘이 있다.

피부 각질층의 수분도가 12% 이하이다.

피부결이 거칠고 잔주름이 잇다.

메이크업이 잘 받지 않으며 피부의 탄력이 부족하다.

복합성 피부

T-피지분비의 과다로 피부가 심하게 번들거리며 모공이 넓다.

　피부결이 고르지 않으며 굵은 주름이 있다.

　유분의 과다로 화장이 잘 지워지며 메이크업의 지속성이 떨어진다.

　피부의 명도가 떨어지며 트러블이 생긴다.

　　　　　　　　　　　　　　　　　　　　　　　　　　　　　지성

U-세안후 심하게 당긴다.

　하얀 각질과 버즘이 있다.

　피부 각질층의 수분도가 12% 이하이다.

　피부결이 거칠고 잔주름이 있다.

　메이크업이 잘 받지 않으며 피부의 탄력이 부족하다.

　　　　　　　　　　　　　　　　　　　　　　　　　　　　　건성

N-피부 각질층의 수분도가 12% 이상이다.

　피부결이 고르며 촉촉하며 매끄럽다.

　피부의 색소침착이 없는 피부색이 정상이며 주름이 없다.

　탄력이 좋으며 모공이 넓지 않다.

　　　　　　　　　　　　　　　　　　　　　　　　　　　　　정상

 마스크 및 팩

- 복합성 피부 : T존 – 지성 전용 팩(티트리, 녹차 성분의 피지 조절 가능), U존 – 건성 전용 팩 올려주기(히아루론산, 콜라겐의 고보습 영양 공급 효과)
- 건성 피부 : 건성 전용 크림 팩(히아루론산, 콜라겐 성분의 고보습의 영양 공급 효과)
- 지성 피부 : 지성 전용 크림 팩(티트리오일 나노좀, 녹차 성분의 피지 조절 및 염중 억제 크림 팩)

지성피부

피지분비의 과다로 피부가 심하게 번들거리며 모공이 넓다.

피부결이 고르지 않으며 굵은 주름이 있다.

유분의 과다로 화장이 잘 지워지며 메이크업의 지속성이 떨어진다.

피부의 명도가 떨어지며 트러블이 생긴다.

정상피부

피부 각질층의 수분도가 12% 이상이다.

피부결이 고르며 촉촉하며 매끄럽다.

피부의 색소침착이 없는 피부색이 정상이며 주름이 없다.

탄력이 좋으며 모공이 넓지 않다.

딥 클렌징

– 고마쥐 : 약간 민감한 피부를 포함한 모든 피부 타입에 적용 가능

– AHA : 민감한 피부를 제외한 노화, 정상 피부, 건성피부

– 스크럽 : 민감한 피부를 제외한 악지성 피부나 각질이 매우 두꺼운 피부

– 효소 : 과도한 피지 및 노폐물 제거 시

피 부 분 석 카 드 (참고용)

(건성 피부)

성명	권상옥	수험번호	2	날짜	2009년 03월 14일

고객명	한용희	주소			
생년월일		전화번호		직업	

병력과 부적응증

심장병	☐	갑상선	☐	화장품 부작용	☐
고혈압	☐	간질	☐	금속판/핀	☐
당뇨	☐	알레르기	☐	현재 복용 중인 약	☐
임신	☐	수술여부	☐	기타	☐

고객 피부 타입(건성)

피지 분비에 따른 피부 타입	정상 ☐	건성 ✔	지성 ☐	복합성 ☐	
피부의 수분량	높다 ☐	보통 ☐	낮다 ✔		
피부결	곱다 ☐	복합적 ☐	거칠다 ✔		
주름	표면 주름 ✔	표정 주름 ☐	노화 주름 ☐		
피부의 탄력성	좋다 ☐	보통 ☐	나쁘다 ✔		
피부의 혈액 순환	좋다 ☐	보통 ✔	나쁘다 ☐		
피부 민감도	정상 ☐	민감 ✔	과민감 ☐		
자외선 민감도	I ☐	II ☐	III ✔	IV ☐	V ☐

코메도	★	사마귀	
구진		흉터	
농포	▲	켈로이드	
주사		과색소	●
모세혈관 확장		혈관종	◉
섬유종(쥐젖)		기타 질환 ( )	

관리 계획 차트(Care Plan Chart)

(건성 피부)

관리 목적	T,U,N 모두 건성피부이므로 피지선의 기능활성화, 유분공급을 통해 건성피부를 정상피부로 개선하는 것을 주목적으로 한다.
기대 효과	꾸준한 건성피부 관리를 통한 정상피부(잡티가 없으며, 매끄럽고, 촉촉하여 당김현상이 없는)를 기대한다.

클렌징	☐ 오일	☐ 크림	☑ 밀크/로션	☐ 젤
딥 클렌징	☐ 고마쥐(gommage)	☑ 효소(enzyme)	☐ AHA	☐ 스크럽
매뉴얼 테크닉 제품 타입	☐ 오일	☑ 크림	☐ 앰플	
손을 이용한 관리 형태	☑ 일반	☐ 아로마	☐ 림프	

	T존 : ☑ 건성 타입 팩 　☐ 정상 타입 팩 　☐ 지성 타입 팩
팩	U존 : ☑ 건성 타입 팩 　☐ 정상 타입 팩 　☐ 지성 타입 팩
	목 부위 : ☑ 건성 타입 팩 　☐ 정상 타입 팩 　☐ 지성 타입 팩

마스크	☐ 석고 마스크 　　☑ 고무모델링 마스크

고객 관리 계획	1주 : 클렌징 – 딥클렌징(AHA) – 매뉴얼테크닉 – 건성피부용팩(T,U,N) – 유연화장수 – 유분에센스 – 아이크림 – 유분크림 – 자외선차단제 2주 : 클렌징 – 딥클렌징(고마쥐) – 매뉴얼테크닉 – 건성피부용팩(T,U,N) – 유연화장수 – 유분에센스 – 아이크림 – 유분크림 – 자외선차단제 3주 : 클렌징 – 딥클렌징(효소) – 매뉴얼테크닉 – 건성피부용팩(T,U,N) – 유연화장수 – 유분에센스 – 아이크림 – 유분크림 – 자외선차단제 4주 : 클렌징 – 딥클렌징(AHA) – 매뉴얼테크닉 – 건성피부용팩(T,U,N) – 유연화장수 – 유분에센스 – 아이크림 – 유분크림 – 자외선차단제
가정관리 조언	오전 : 미온수세안 – 유연화장수 – 유분에센스 – 아이크림 – 데이크림 – 자외선차단제 오후 : 클렌징크림 – 클렌징폼 – 유연화장수 – 유분에센스 – 아이크림 – 나이트크림

Tip) 딥클렌징과 마스크는 시험당일 지정.

피 부 분 석 카 드 (참고용)

(복합성 피부)

성명	권혜경	수험번호	3	날짜	2009년 03월 14일

고객명	한준표	주소	
생년월일		전화번호		직업	

병력과 부적응증					
심장병	☐	갑상선	☐	화장품 부작용	☐
고혈압	☐	간질	☐	금속판/핀	☐
당뇨	☐	알레르기	☐	현재 복용 중인 약	☐
임신	☐	수술여부	☐	기타	☐

고객 피부 타입(복합성)									
피지 분비에 따른 피부 타입	정상	☐	건성	☐	지성	☐	복합성	✔	
피부의 수분량	높다	☐	보통	☐	낮다	✔			
피부결	곱다	☐	복합적	✔	거칠다	☐			
주름	표면 주름	☐	표정 주름	✔	노화 주름	☐			
피부의 탄력성	좋다	☐	보통	✔	나쁘다	☐			
피부의 혈액 순환	좋다	☐	보통	✔	나쁘다	☐			
피부 민감도	정상	✔	민감	☐	과민감	☐			
자외선 민감도	I	☐	II	☐	III	✔	IV	☐	V	☐

코메도	★	사마귀	
구진		흉터	=
농포		켈로이드	
주사		과색소	●
모세혈관 확장		혈관종	
섬유종(쥐젖)	♠	기타 질환 ( )	

관리 계획 차트(Care Plan Chart)

(복합성 피부)

관리 목적	T존–지성피부이므로 피지흡착, 피지분비조절, 모공수축관리로 지성피부를 정상피부로 개선, U존– 건성피부이므로 피지선의 기능활성화, 유분공급을 통해 건성피부를 정상피부로 개선, N존–정상피부이므로 현재피부상태 유지를 위한 세심한 클렌징과 유수분공급을 통한 정상피부유지를 주목적으로 한다.
기대 효과	T존–꾸준한 지성피부 관리(클렌징, 딥클렌징 및 수분공급)를 통한 정상피부(매끄럽고, 촉촉하지만 번들거리지 않고 노폐물 배출 관리 후 모공이 수축된)로,U존–꾸준한 건성피부 관리를 통한 정상피부(잡티가 없으며, 매끄럽고, 촉촉하여 당김현상이 없는)로,N존–꾸준한 정상피부유지 관리(클렌징 및 유수분공급)을 통한 지속적인 정상피부(매끄럽고, 촉촉하며, 잡티가 없는) 유지를 기대한다.

클렌징	□ 오일	□ 크림	☑ 밀크/로션	□ 젤
딥 클렌징	□ 고마쥐(gommage)	□ 효소(enzyme)	☑ AHA	□ 스크럽

매뉴얼 테크닉 제품 타입	□ 오일	☑ 크림	□ 앰플
손을 이용한 관리 형태	☑ 일반	□ 아로마	□ 림프

팩	T존 : □ 건성 타입 팩　　□ 정상 타입 팩　　☑ 지성 타입 팩
	U존 : ☑ 건성 타입 팩　　□ 정상 타입 팩　　□ 지성 타입 팩
	목 부위 : □ 건성 타입 팩　　☑ 정상 타입 팩　　□ 지성 타입 팩

마스크	□ 　석고 마스크　　　　□ 　고무모델링 마스크

고객 관리 계획	1주 : 클렌징 – 딥클렌징(AHA) – 매뉴얼테크닉 – 팩(T존–지성피부용팩,U존 – 건성피부용팩,N존 – 정상피부용팩) – 화장수(T존 – 수렴화장수,U존 – 유연화장수,N존 – 유연화장수) – 에센스(T존 – 수분에센스,U존 – 유분에센스,N존 – 유분에센스) – 아이크림 – 크림(T존 – 수분크림,U존 – 유분크림,N존 – 유분크림) – 자외선차단제 2주 : 클렌징 – 딥클렌징(고마쥐) – 매뉴얼테크닉 – 팩(T존 – 지성피부용팩,U존 – 건성피부용팩,N존 – 정상피부용팩) – 화장수(T존 – 수렴화장수,U존 – 유연화장수,N존 – 유연화장수) – 에센스(T존 – 수분에센스,U존 – 유분에센스,N존 – 유분에센스) – 아이크림 – 크림(T존 – 수분크림,U존 – –유분크림,N존 – 유분크림) – 자외선차단제 3주 : 클렌징 – 딥클렌징(효소) – 매뉴얼테크닉 – 팩(T존 – 지성피부용팩,U존 – 건성피부용팩,N존 – 정상피부용팩) – 화장수(T존 – 수렴화장수,U존 – 유연화장수,N존 – 유연화장수) – 에센스(T존 – 수분에센스,U존 – 유분에센스,N존 – 유분에센스) – 아이크림 – 크림(T존 – 수분크림,U존 – 유분크림,N존 – 유분크림) – 자외선차단제 4주 : 클렌징 – 딥클렌징(AHA) – 매뉴얼테크닉 – 팩(T존 – 지성피부용팩,U존 – 건성피부용팩,N존 – 정상피부용팩) – 화장수(T존 – 수렴화장수,U존 – 유연화장수,N존 – 유연화장수) – 에센스(T존 – 수분에센스,U존 – 유분에센스,N존 – 유분에센스) – 아이크림 – 크림(T존 – 수분크림,U존 – 유분크림,N존 – 유분크림) – 자외선차단제
가정 관리 조언	오전 : 클렌징폼 – 화장수(T존 – 수렴화장수,U존 – 유연화장수,N존–유연화장수) – 에센스(T존 – 수분 – 에센스,U존 – 유분에센스,N존: 유분에센스) – 아이크림 – 크림(T존: 수분크림, U존: 유분크림, N존: 유분크림) – 자외선차단제 오후 : 1차클렌징(T존 – 클렌징젤,U존 – 클렌징크림) – 클렌징폼 – 화장수(T존 – 수렴화장수,U존 – 유연화장수,N존 – 유연화장수) – 에센스(T존 – 수분에센스,U존 – 유분에센스,N존: 유분에센스) – 아이크림 – 나이트크림(T존: 수분크림, U존: 유분크림, N존: 유분크림)

피 부 분 석 카 드 (참고용)

(정상 피부)

성명	권병서	수험번호	4	날짜	2009년 03월 14일

고객명	오순균	주소			
생년월일		전화번호		직업	

병력과 부적응증					
심장병	☐	갑상선	☐	화장품 부작용	☐
고혈압	☐	간질	☐	금속판/핀	☐
당뇨	☐	알레르기	☐	현재 복용 중인 약	☐
임신	☐	수술여부	☐	기타	☐

고객 피부 타입(정상)									
피지 분비에 따른 피부 타입	정상	☑	건성	☐	지성	☐	복합성	☐	
피부의 수분량	높다	☑	보통	☐	낮다	☐			
피부결	곱다	☑	복합적	☐	거칠다	☐			
주름	표면 주름	☐	표정 주름	☐	노화 주름	☐			
피부의 탄력성	좋다	☑	보통	☐	나쁘다	☐			
피부의 혈액 순환	좋다	☑	보통	☐	나쁘다	☐			
피부 민감도	정상	☑	민감	☐	과민감	☐			
자외선 민감도	I	☐	II	☐	III	☑	IV ☐	V	☐

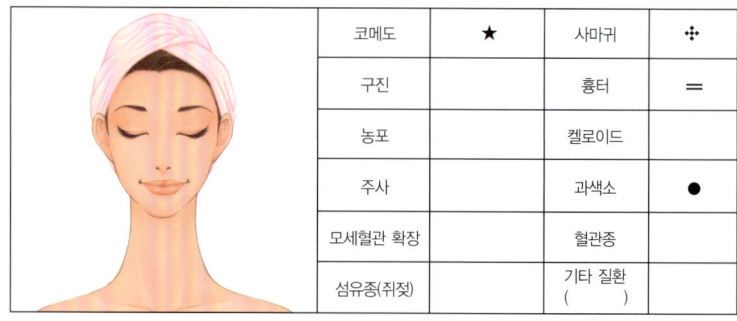

코메도	★	사마귀	✥
구진		흉터	=
농포		켈로이드	
주사		과색소	●
모세혈관 확장		혈관종	
섬유종(쥐젖)		기타 질환 ( )	

관리 계획 차트(Care Plan Chart)

(정상 피부)

관리 목적	T,U,N 모두 정상피부이므로 현재피부상태 유지를 위한 세심한 클렌징과 유수분공급을 통한 정상피부 유지를 주목적으로 한다.
기대 효과	꾸준한 정상피부유지 관리(클렌징 및 유수분공급)를 통한 지속적인 정상피부(매끄럽고, 촉촉하며, 잡티가 없는) 유지를 기대한다.

클렌징	□ 오일	□ 크림	✔ 밀크/로션	□ 젤
딥 클렌징	□ 고마쥐(gommage)	□ 효소(enzyme)	□ AHA	✔ 스크럽
매뉴얼 테크닉 제품 타입	□ 오일	✔ 크림	□ 앰플	
손을 이용한 관리 형태	✔ 일반	□ 아로마	□ 림프	

팩	T존 : □ 건성 타입 팩 ✔ 정상 타입 팩 □ 지성 타입 팩
	U존 : □ 건성 타입 팩 ✔ 정상 타입 팩 □ 지성 타입 팩
	목 부위 : □ 건성 타입 팩 ✔ 정상 타입 팩 □ 지성 타입 팩

마스크	□ 석고 마스크 ✔ 고무모델링 마스크

고객 관리 계획	1주 : 클렌징– 딥클렌징(AHA) – 매뉴얼테크닉 – 정상피부용팩(T,U,N) – 토너 – 보습에센스 – 아이크림 – 보습크림 – 자외선차단제 2주 : 클렌징 – 딥클렌징(스크럽) – 매뉴얼테크닉 – 정상피부용팩(T,U,N) – 토너–보습에센스 – 아이크림 – 보습크림 – 자외선차단제 3주 : 클렌징 – 딥클렌징(효소) – 매뉴얼테크닉 – 정상피부용팩(T,U,N) – 토너 – 보습에센스 – 아이크림 – 보습크림 – 자외선차단제 4주 : 클렌징 – 딥클렌징(고마쥐) – 매뉴얼테크닉 – 정상피부용팩(T,U,N) – 토너 – 보습에센스 – 아이크림 – 보습크림 – 자외선차단제

가정 관리 조언	오전 : 미온수 세안 – 토너 – 에센스 – 아이크림 – 데이크림 – 자외선차단제 오후 : 클렌징로션 – 클렌징폼 – 토너 – 에센스 – 아이크림 – 나이트크림

피 부 분 석 카 드 (참고용)

(지성 피부)

성명	신효균	수험번호	5	날짜	2009년 03월 14일

고객명	이미정	주소			
생년월일		전화번호		직업	

병력과 부적응증

심장병	☐	갑상선	☐	화장품 부작용	☐
고혈압	☐	간질	☐	금속판/핀	☐
당뇨	☐	알레르기	☐	현재 복용 중인 약	☐
임신	☐	수술여부	☐	기타	☐

고객 피부 타입(지성)

피지 분비에 따른 피부 타입	정상	☐	건성	☐	지성	☑	복합성	☐		
피부의 수분량	높다	☐	보통	☐	낮다	☑				
피부결	곱다	☐	복합적	☐	거칠다	☑				
주름	표면 주름	☐	표정 주름	☐	노화 주름	☑				
피부의 탄력성	좋다	☐	보통	☑	나쁘다	☐				
피부의 혈액 순환	좋다	☐	보통	☑	나쁘다	☐				
피부 민감도	정상	☐	민감	☑	과민감	☐				
자외선 민감도	I	☐	II	☐	III	☑	IV ☐	V ☐		

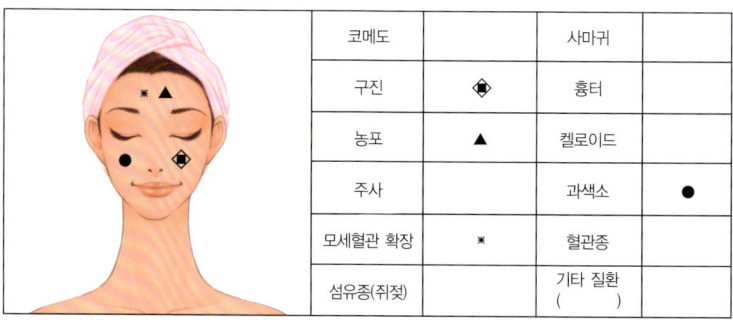

코메도		사마귀	
구진	◈	흉터	
농포	▲	켈로이드	
주사		과색소	●
모세혈관 확장	✳	혈관종	
섬유종(쥐젖)		기타 질환 ( )	

관리 계획 차트(Care Plan Chart)

(지성 피부)

관리 목적	T,U,N 모두 지성피부이므로 피지흡착, 피지분비조절, 모공수축관리로 지성피부를 정상피부로 개선하는것을 주목적으로 한다.			
기대 효과	꾸준한 지성피부 관리(클렌징, 딥클렌징 및 수분공급)을 통한 정상피부(매끄럽고, 촉촉하지만 번들거리지 않고 노폐물 배출 관리 후 모공이 수축된)를 기대한다.			
클렌징	☐ 오일	☐ 크림	✔ 밀크/로션	☐ 젤
딥 클렌징	✔ 고마쥐(gommage)	☐ 효소(enzyme)	☐ AHA	☐ 스크럽
매뉴얼 테크닉 제품 타입	☐ 오일	✔ 크림	☐ 앰풀	
손을 이용한 관리 형태	✔ 일반	☐ 아로마	☐ 림프	
팩	T존 : ☐ 건성 타입 팩 ☐ 정상 타입 팩 ✔ 지성 타입 팩			
	U존 : ☐ 건성 타입 팩 ☐ 정상 타입 팩 ✔ 지성 타입 팩			
	목 부위 : ☐ 건성 타입 팩 ☐ 정상 타입 팩 ✔ 지성 타입 팩			
마스크	석고 마스크 ☐ 고무모델링 마스크			
고객 관리 계획	1주 : 클렌징 – 딥클렌징(AHA) – 매뉴얼테크닉 – 지성피부용팩(T,U,N) – 수렴화장수 – 수분에센스 – 아이크림 – 수분크림 – 자외선차단제 2주 : 클렌징 – 딥클렌징(스크럽) – 매뉴얼테크닉 – 지성피부용팩(T,U,N) – 수렴화장수 – 수분에센스 – 아이크림 – 수분크림 – 자외선차단제 3주 : 클렌징 – 딥클렌징(효소) – 매뉴얼테크닉 – 지성피부용팩(T,U,N) – 수렴화장수 – 수분에센스 – 아이크림 – 수분크림 – 자외선차단제 4주 : 클렌징 – 딥클렌징(고마쥐) – 매뉴얼테크닉 – 지성피부용팩(T,U,N) – 수렴화장수 – 수분에센스 – 아이크림 – 수분크림 – 자외선차단제			
가정 관리 조언	오전: 클렌징폼 – 수렴화장수 – 수분에센스 – 아이크림 – 데이크림 – 자외선차단제 오후: 클렌징젤 – 클렌징폼 – 수렴화장수 – 수분에센스 – 아이크림 – 나이트크림			

4

실전에 필요한
노하우

성공하는데 있어서 인간관계가 얼마나 중요하다고 생각하나요? 내 사람 만들기 프로젝트에 들어간다면 최우선 순위는 늘 가까이에서 함께하는 내부 직원입니다. 직원을 칭찬해주고 만족시켰을 때 외부 고객의 만족을 가져올 수 있습니다. 결과적으로 따뜻한 기운이 머무는 숍이 될 수 있고, 충성 고객의 정착률이 높아 성공 숍이 되기 위해서는 사랑, 배려, 정 쌓기를 통한 실전에 필요한 노하우를 만드는 것이 중요합니다.

직원의 기 살리기

고객이 피부 관리실에 들어오면 차대접을 받은 후 상담을 받습니다. 원장이 직접 상담을 하기도 하고, 상담 매니저가 상담을 하기도 하는데 상담 매니저가 상담에 들어가기 전에 원장의 말 한 마디가 상담의 결과를 다르게 할 수 있습니다. 예를 들어 "우리 매니저는 경력이 매우 많고, 피부 관리실에서의 성공 사례를 많이 만든 유능한 상담 매니저입니다."라는 말 한 마디! 또는 성공 모델 사진의 관리 전과 후의 이미지 사진을 보여주면서 자연스럽게 상담을 시작할 수 있게 하는 것도 효과적인 방법이면서 직원의 사기를 살려주는 방법입니다. 이것은 직원뿐만 아닌 고객에게도 기대 효과를 가지고 관리를 받을 수 있는 긍정적인 방법입니다.

상담이 끝나고 티켓팅이 이루어지면 관리사들은 정성스러운 관리에 들어가고, 관리가 끝나면 뿌듯함과 성취감 때문에 자연스럽게 미소가 지어질 것입니다. 이와 같이 직원의 기를 살려주는 것은 곧 피부 관리실의 분위기를 좋게 만들어주는 원동력이 됩니다. 음식을 맛있게 만들어주고, 먹기 전 기대 효과를 가질 수 있게 하는 음식의 향기나 중요한 양념의 역할과도 같다고 할 수 있습니다.

매출 향상! 상상대로

1 직원에게 있어서의 경영자

경영자의 목적을 달성하려면 인적, 물적, 지적 자원을 계획 및 조직, 지휘, 통제하는 일련의 과정을 파악하고 있어야 합니다. 이렇게 설정한 목표를 달성하기 위해 이들 보유 자원을 효율적으로 관리하고, 조직을 조정 및 통제하며, 계속 유지·발전해 나가는 것이 중요합니다. 따라서 경영자는 본인의 성공 크기만큼 중요하게 직원 역시 성공을 이룰 수 있도록 비전을 제시하고 배려하는 노력이 필요합니다. 경영자가 직원들을 잘 리드하면 매출은 자연히 상승할 수 있으므로 집중과 정성의 노력이 반드시 필요한 부분입니다.

2 고객에게 있어서의 경영자

고객이 처음 피부 관리실에 들어왔을 때 첫 접점의 순간에서 다른 무엇보다도 청결하다는 느낌이 들도록 최대한 신경을 써야 합니다. 청결한 환경과 분위기를 위한 여러 가지의 노력은 아무리 강조해도 지나침이 없습니다. 또한 고객이 원하는 것이 무엇인지를 파악한 후 개인 선호도별 고객 관리와 서비스를 병행한다면 상상대로 매출 향상이 이루어지는 데 큰 어려움은 없을 것입니다. 몸이 아픈 사람은 아무리 멀고 찾아가기 힘든 병원이라도 병을 잘 고칠 수 있다면 찾아가서 치료를 받습니다. 이와 같이 피부 관리도 분위기가 고객에게 맞고, 피부 관리의 효과성이 매우 높으며, 다른 숍과 차별화된 고객 관리가 이루어진다면 매출 향상은 상상대로 이루어질 것입니다.

아름다운 쉼터 숍 이미지

고객은 피부 관리실의 계단이나 출입문을 열기 전까지의 홍보 내용이나 현수막 등을 보면서 그 피부 관리실의 이미지를 느낍니다. 즉 고객의 피부 관리실에 대한 이미지는 내부로 들어오기 전부터 각인되기 시작합니다.

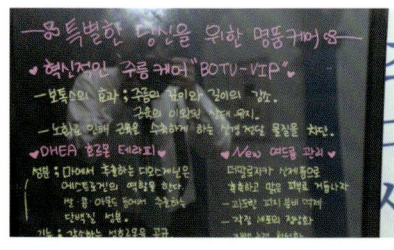

- 간판의 이미지 및 청결도 : 간판이 지저분하거나 깔끔하지 못하면 피부 관리실의 전체 이미지는 부정적일 수 있습니다. 그러므로 간판의 이미지와 청결도에 신경을 써야 하고, 어두워지기 시작하는 저녁이 되면 잊지 않고 간판 불을 켜는 것도 중요합니다.

- 밖에서 본 피부 관리실 외부의 깔끔한 정도 : 유리창이 지저분하거나 색지를 붙인 부분이 떨어져 있는 등 오랫동안 손님이 오고가지 않는 이미지의 피부 관리실로 각인되면 안 됩니다. 따라서 간판뿐 아니라 외부로 나타나는 부분에도 많은 관심을 기울여야 합니다.

• 계단의 청결함과 간접적인 홍보 효과(사진, 홍보물) : 고객은 처음 피부 관리실을 들어가는 과정에서 '과연 이 피부 관리실이 어떤 곳일까?' 하는 호기심으로 계단을 오르거나 출입문을 엽니다. 그리고 열자마자 여러 가지 홍보물이나 사진 등을 접하는데, 이것은 티켓팅의 베이스 작업이 시작되는 중요한 키포인트입니다. 피부 관리실 외부의 공간도 창의적으로 활용한다면 좋은 효과를 낼 수 있습니다.

• 안내 데스크 정리 정돈 : 고객이 피부 관리실의 문을 열고 들어왔을 때 처음 눈에 들어오는 것은 안내 데스크의 정리 정돈 및 피부 관리실의 전체 분위기입니다. 피부 관리실인 만큼 안내 데스크에서부터 전체 피부 관리실의 청결한 이미지를 보여주는 것은 중요한 부분입니다. 귀엽고 예쁜 화분이나 아로마 향초 등을 놓는 등 고객에게 호감을 주기 위한 여러 가지 방법 등을 활용합니다.

• 파우더 룸 : 모든 관리가 끝나고 고객이 들어가는 곳인 만큼 청결함을 느끼면서 많은 배려와 정성이 묻어나오는 느낌을 주어야 합니다. 화장대 주위의 청결, 소도구인 헤어 드라이기, 빗, 헤어 제품 완비, 면봉, 티슈, 휴지통 등을 청결하게 관리합니다.

• 왜건 위의 화장품 정리 및 왜곤 가장 밑의 청결도, 왜건 위의 화장품, 관리실이나 전체 바닥의 모델링 가루 및 바닥의 청결도, 얼굴과 전신용 수건의 분리 사용 등도 매우 중요합니다.

• 기기의 소독 및 정리 정돈이나 베드 위의 수건 및 헤어밴드의 위생, 옷장의 내부 먼지 여부, 고객 가운의 교체 여부, 관리실 내부 환기 및 냄새 제거 등은 가장 기본적인 것이지만 잘 지켜지지 않는 중요한 부분입니다.

• 외적으로 보이는 청결함이나 위생만큼이나 고객이 숍 안에 흐르는 긍정의 기대로 인해 편안함을 느낄 수 있도록 해야 합니다. 숍에서 고객이 나가는 순간부터 또 가서 편하게 피부 관리를 받고 싶어지는 곳으로 기억하게 만들어야 합니다. 피부 관리실을 떠올리면 직원들의 환한 미소와 친절이 느껴지도록 신경 쓰고, 겸손하지만 당당하고 자신감에 넘치는 직원들로 보여야 합니다. 도심 속 휴양지를 연상시키는 최상의 고객 감동을 주려면 어느 한 가지의 조건만 갖추어서는 안 됩니다.

사랑 쌓기

❋
충고는 샌드위치 화법으로 둘만의 공간에서 조용히, 칭찬은 많은 사람들 앞에서 큰소리로……

직원들이 경영자의 마음으로 스스로 알아서 일을 잘해주면 좋겠지만 전체적인 업무 부분이나 간혹 실수를 할 경우 직원에게 충고를 해야 할 경우가 생깁니다. 이 경우에는 직원을 호출한 후 회의실에 들어와서 의자에 앉자마자 본론부터 말하지 않고 차분한 목소리로 직원에 대한 칭찬이나 일상적인 이야기부터 시작합니다. 그러다가 중간에 직원이 수정해야 될 충고를 해준 뒤 용기와 칭찬으로 마무리하는 것이 진지하게 충고를 받아들일 수 있는 현명한 사랑 쌓기가 될 것입니다.

비언어학적 커뮤니케이션의 미학

"저는 고객님을 사랑합니다."라고 말을 하지 않아도 상대를 존경하고 좋아하는 감정은 고객에게 전달됩니다. 이것이 바로 언어보다도 더 중요한 비언어적인 전달의 미학입니다. 좀 더 친절하고 상냥한 말투, 서비스, 보여지는 외모의 아름다움, 청결, 본인만의 향, 걸음걸이에서의 이미지 등 피부 관리사나 직원, 원장으로부터 풍기는 비언어적인 것들의 아름다움은 보는 이의 마음을 움직이기에 충분합니다. 귀를 통해 듣는 언어 표현도 중요하지만, 그 이전에 눈빛으로 말하거나 세련된 신체 언어 표현의 스킬이 필요합니다.

따뜻한 배려

고객이 누워서 피부 관리를 받다 보면 눈을 감고 있으므로 자연히 청각적으로 예민해질 수 있습니다. 이때 피부 관리사들은 베드가 많은 방에서 관리할 경우 관리사 간의 대화를 삼가해야 합니다. 또한 신발 소리나 문 소리가 나지 않도록 주의해야 합니다. 간혹 관리사들끼리 명령형이나 강한 말투로 대화해 듣는 이의 귀에 거슬리게 하는 경우도 있는데, 상호 존칭어를 쓰면서 예우를 하는 것이 바람직합니다. 또한 고객의 불편 사항과 요구 사항이 있는지 체크하는 것도 좋은 배려입니다.

기본 수칙 및 주의 사항

피부 관리사로서 실전에 필요한 노하우에서 가장 기본적이지만 너무나 중요한 것은 근무 태도(근태) 관리입니다. 지각을 하거나 결근을 하는 직원은 다른 업무적인 부분에서도 당연 문제가 생기기 마련입니다. 근태 관리는 기본적인 것이지만, 직원의 성실도와 숍의 발전 여부를 좌우하는 중요한 부분이므로 많이 신경 써야 합니다. 또한 동료끼리 험담을 하거나 헐뜯는 일은 없어야 하고, 신입 관리사의 교육에도 많은 정성을 쏟아야 합니다. 이것들은 가장 기본적이지만 매우 중요한 부분이므로 명심해서 실천해야 합니다.

피부 관리사는 고객의 피부 판독 능력을 키워야 하며, 피부 관리 소요 시간을 준수하는 것은 매우 중요합니다. 따라서 시간을 적어놓는 메모나 미니 칠판에 마무리 시간을 잘 적어놓고 철저하게 지켜야 합니다. 중간에 피부 관리사가 바뀌어도 베드 번호와 마무리 시간을 보고 다른 피부 관리사라도 마무리 작업을 잘해야 합니다. 간혹 고객이 "지금 무엇을 바르시는 건가요?"하고 질문하는데, 옆 관리사에게 "이게 뭐지?"라고 큰소리로 묻거나 제품에 대해서 제대로 알지 못하고 사용해서는 절대로 안 됩니다.

고객 상담 관리 및 정 쌓기

우리는 피부 관리를 할 때 어떤 화장품으로 무슨 기계를 이용하여 관리할 것인지 계획하게 됩니다. 아마도 직원에 대한 상품 가치에 대해서도 여러 번 원장이나 경영자 입장에서는 생각해 보았을 것입니다. 움직이는 종합 예술 작품인 사람이 전하는 감동의 크기는 표현할 수 없을 만큼 매우 큰 부분을 차지하는 것은 분명합니다. 그렇다면 고객을 감동시키고 우리 숍의 충성 고객으로 만드는 방법에는 무엇이 있을까요?

교육 때마다 늘 강조하는 것이지만 과거와는 달리 이제는 실력적인 부분 이외에

도 서비스의 수준이 높고, 진심이 느껴지는 인간애, 정이 느껴지는 피부 관리실을 찾는 것이 현실입니다. 고객이 경영자, 원장, 직원들의 가족이라는 생각을 한다면 고객은 좀 더 빠른 시간 안에 우리 가까이에 다가와 있을 것입니다. 고객에 대한 사랑의 표현은 관심으로 시작됩니다.

고객 사로잡기

영업이 잘 되는 음식점의 공통점은 '사장이나 직원이 늘 웃는다', '음식을 맛있게 하는데 친절하기까지 하다', '끊임없이 연구하고 실천한다' 입니다. 가게 운영을 할 때도 '잘 웃지 않는 사람은 불리하다' 라는 말이 있을 정도로 얼굴이 못생겼더라도 웃는 모습을 보여주는 것은 중요합니다. 그리고 고객을 확실하게 사로잡으려면 끊임없이 연구하고, 유행에 민감하며, 맞춤식 고객 관리 및 서비스를 제공하기 위하여 노력해야 합니다. 동시에 고객을 사로잡는 윤활유 역할의 미소 선물이 처

음과 똑같이 변하지 않고 늘 머물러 있을 때 고객을 사로잡기에 충분할 것입니다.

충성 고객으로 자리매김하기

우리나라는 여전히 '정(情)' 문화이므로 '정'을 중요시 여깁니다. 따라서 정을 많이 들이면 충성 고객으로 만드는 것은 좀 더 수월할 수 있습니다. 고객과 가까워지기 위한 방법으로 고객을 칭찬하는 것이 효과적입니다. 이때 칭찬을 하되 구체적으로 해야 합니다. 예를 들어 화장도 별로 신경 안 쓰고 예쁘지도 않은데 칭찬을 하는 것은 고객을 칭찬하는 것이라기보다 창피하게 만드는 경우입니다. 또한

고객이 예쁘게 하고 왔을 때 구체적인 칭찬을 해서 고객을 기분좋게 해 줍니다. 예를 들어 "고객님, 오늘 블라우스 색상과 아이섀도의 매치가 너무 잘 되어서 매우 아름다워 보이세요.", "고객님 청바지가 너무 잘 어울리세요.", "오늘 한 귀고리가 너무 예뻐요. 저는 그런 것 사고 싶어서 찾아다녀도 찾기 힘들었는데, 어디서 사셨어요?"와 같이 구체적으로 칭찬합니

다. 그러면 막연하게 "고객님, 오늘 예쁘시네요." 하는 것과 많은 차이가 납니다. 막연한 칭찬은 고객 입장에서 '뭐가 예쁘다는 건가?' 라고 생각할 수도 있고, 구체적인 칭찬과 크게 다르게 느껴질 것입니다.

피부 관리실을 들어오는 고객의 손을 따뜻한 손으로 만져주면서 "고객님 손이 너무 차가우세요. 온풍기 가까이 앉으세요." 하면서 소파로 안내를 하는 것도 좋겠다. 물론 피부 관리실 내부로 들어오면 전체적으로 따뜻하지만, 고객을 위하는 마음을 행동으로 보여주는 것은 고객을 감동시킬 수 있습니다(단, 분위기에 따라 다르다).

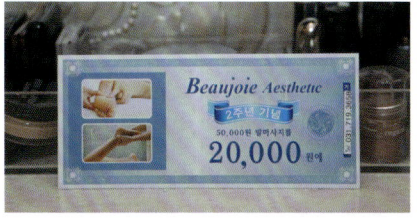

고객의 이름을 기억하는 것은 매우 중요합니다. 피부 관리실에 전화가 왔을 때 VIP 고객인데도 "누구시죠? 목소리가 잘 안 들리는데요. 누구시라고요?" 하는 것과 "아, 네. VIP 이지수 고객님이시군요." 하는 것은 큰 차이가 있습니다.

고객이 피부 관리실에 들어올 때 '○○○ 고객님' 하고 이름

을 불러주는 것과 그냥 '고객님!' 이라고 통일해서 부르는 것의 차이도 있을 것이고 고객 관리를 잘하는 사람은 공통적으로 고객의 이름과 특성, 기타 아주 세세한 것까지 기억하는 것을 중요하게 생각해야 합니다. 이렇게 고객 이름을 기억하는 만큼 고객을 감동시키면서 충성 고객으로 만들 수 있습니다.

함께 있을 때 고객이 편안함을 느낄 수 있도록 해야 하고, 고객의 마음을 상하게 하는 말은 삼가해야 합니다. 또한 VIP 고객과 일반 고객을 너무 눈에 띄게 차별 대우를 하면 안 됩니다. 이 경우 일반 고객이 이탈할 수 있으므로 주의해야 합니다. VIP 고객이 들어온다고 해서 이름을 부르면서 반갑게 맞아주고, 일반 고객이라고 해서 이름도 부르지 않고 그다지 반갑지 않게 대한다면 VIP 고객으로 될 수 있는 잠재적 고객을 놓칠 수 있습니다. 이것은 아주 작은 부분이라고 생각할 수도 있지만, 매우 민감한 부분입니다. 선물 증정이나 서비스 부분, 가격 부분에서도 신경을 써야 하는 부분입니다.

축하와 위로의 말을 할 기회를 자주 갖는 것도 좋습니다. 고객은 늘 관심과 사랑을 받고 싶어합니다. 예를 들어 고객의 자녀가 결혼을 했을 경우에 "고객님, 따님의 결혼식은 잘 치르셨어요? 못 가봐서 계속 마음에 걸렸는데, 축하드립니다. 이건 작은 선물이지만 따님에게 꼭 필요할 것 같아서 준비했습니다."와 같은 마음을 전한다면 고객은 감동을 받을 것입니다. 선물을 주지 않아도 꼭 축하와 위로의 말을 하는 것이 좋습니다. 또 한 예로 고객의 친어머니가 돌아가셨을 때 직접 장례식장에 찾아뵙는 것도 고객 관리의 좋은 예입니다. 물론 피부 관리실을 하면서 고객의 경조사까지 다 챙기는 것은 무리입니다. 하지만 얼마나 집중해서 고객의 마음속으로 파고드느냐는 피부 관리실의 성공과도 직결된 부분입니다.

현재 얼굴 관리만 받고 있는 고객이 지나가는 말로 "요즘 배가 나와서 남편이 핸들처럼 잡고 운전해도 되겠다고 놀려요. 무척 신경 쓰이네요."라고 한다면 이런 작은 고객의 고민도 지나치지 말고 고객카드에 메모해 두어야 합니다. 이러한 센스는 고객의 건강관리와 다음 티켓팅으로 연결시킬 수 있는 건설적인 방법이 될 수 있습니다. 상담 기술이 뛰어난 매니저의 경우 그 자리에서 고객의 복부 관리를 티켓팅하면 좋겠지만, 메모의 기술과 고객에 대한 세심한 관리만으로도 머지 않아 고객을 위한 진정한 방법으로 활용되기도 합니다.

고객과 약속을 했는데 너무 바빠서 잊어버리는 경우가 있습니다. 하지만 무엇보다 고객과의 약속을 꼭 지켜야 합니다. 또한 고객 관리를 잘하는 사람은 사전 관리보다 사후 관리에 더 정성을 쏟습니다. 상담을 잘하는 매니저나 영업을 잘하는 사람의 공통점은 티켓팅이나 보험 계약의 사인을 하기까지 들인 사전 정성과 노력보다 계약 이후에 몇 배의 노력과 정성을 들입니다. 사후 관리를 잘하는 것은 충성 고객으로 만들고, 그 고객을 통해서 구전의 효과로 다른 고객을 소개받을 수 있는 가능성이 매우 높기 때문입니다. 따라서 비용을 많이 들여서 광고하는 것보다 가장 가까이에서 신뢰감이 형성된 고객의 소개로 온 고객이 유지율이나 재티켓팅 비율이 더 높을 수 있습니다.

매출을 10배 올리는 노하우에서 전화 응대가 얼마나 중요할까요? 피부 관리실을 직접 방문하지 않고서도 직원의 전화받는 목소리만으로 해당 피부 관리실의 교육 정도와 인성 매너의 중요도를 느낄 수 있습니다. 고객보다 먼저 큰소리로 전화를 끊어버리거나, 껌을 씹으면서 전화를 받거나, "지금 없는데요. × 누르러 갔어요." 등 교양 없는 전화 멘트, 다듬어지지 않은 목소리 등은 고객을 불쾌하게 만듭니다. 또한 고객의 호칭을 통일하는 것이 중요한데, 피부 관리실마다 고객을 '어머님', '언니', '이모' 등 다양한 호칭을 사용하기도 합니다. 고객은 '고객님'으로 부르는 것이 바람직합니다. 그리고 전화 상담 시에는 '솔' 톤의 밝은 목소리로 고객을 반갑게 대하는 것이 중요합니다. 우리가 집에 초대를 받아서 환영받을 때의 기분처럼 전화를 통해서도 반가운 목소리로 환영받는 기분이 들게 하는 것이 매우 중요한 고객 관리의 시작입니다.

예약을 받을 때 가끔 한 번도 방문하지 않았던 고객이 전화로 자세히 질문하는 경우가 있습니다. 이 경우 고객에게 궁금증을 유발시켜서 우리 피부 관리실로 찾아오게 하는 것도 매니저의 기술입니다. 또한 하나에서부터 열까지 고객의 질문에 모두 응대하는 것은 업무에 지장을 줄 수 있으므로 방문을 권유하는 것도 좋은 방법입니다.

피부 관리실은 베드 회전율이 매우 중요하므로 예약 제도를 반드시 운영하는 것이 고객 만족에도 좋은 방법입니다. 또한 예약 시간을 정확하게 지킬 수 있게 하고, 예약 시간을 지키지 않을 경우 먼저 예약 시간에 맞춰 온 고객이 피부 관리를 예약 시간에 맞춰서 받을 수 있게 하는 것이 효과적입니다. 이렇게 하면 고객들도 익숙해져서 시간을 잘 지켜서 오고, 원장이나 매니저가 고객에게 끌려다니는 일이 없을 것입니다. 이와 같이 경영을 잘하는 피부 관리실의 원장이나 매니저는 고객들로 하여금 시간 엄수나 피부 관리실에서 지켜야 하는 것 등을 잘 따라올 수 있게 고객 교육도 잘 시켜야 합니다.

예약을 받을 때도 고객이 받는 관리가 시간이 짧은 기본 케어인지, 또는 특수 케어인지를 파악한 후 예약을 받는 것이 중요합니다. 상담 매니저는 상담도 잘해야 하지만, 예약을 적절하지 못하게 받으면 피부 관리사들을 힘들게 하거나 고객이 불편할 수 있습니다. 따라서 시간 계획을 잘 짜서 예약을 받아야 합니다. 또한 직원들의 근무 시간을 잘 파악해서 너무 늦게 끝나지 않도록 예약을 받아야 하고, 최소 3일 전에는 예약해 주기를 고객에게 인지시키는 것도 좋은 방법입니다. 너무 바쁠 때는 아르바이트생을 쓰거나 휴무를 조율하는 것도 좋은 방법입니다.

예약을 취소하거나 변경할 때는 예약표에 곧바로 메모하는 것이 좋습니다. 다른 메모지에 적어놓았다가 옮겨 적을 생각을 하면 바빠서 못 적거나 잊어릴 수 있으므로 주의해야 합니다. 고객을 케어할 때 고객 관리 차트에는 '구석의 조용한 공간을 원함', '발소리나 의자 끄는 소리에 민감', '헤어밴드 자주 붙였다 떼었다 하는 것 싫어함', '처음부터 꼼꼼하게 할 것' 등과 같이 해당 고객만의 특이 사항 등을 꼼꼼히 메모하는 것이 좋습니다.

그 외에 차트를 확인한 후 관리사 간의 실력 차이가 많이 나지 않게 배치하는 것이 좋습니다. 그리고 신입 직원이 시술할 때는 고객에게 때에 따라서 양해를 구하는 것이 좋습니다. 피부 관리 시간은 확실하게 체크해야 하고, 여러 고객이 있는 곳에서 특정 고객에게만 눈에 띄게 잘하는 것은 피하며, 처음부터 끝까지 예의 바르게 응대합니다.

어느 피부 관리실이나 기본 프로그램보다는 스페셜 프로그램이 더 고가인 만큼 화장품이나 기계 등의 차이가 있습니다. 이 경우 가능하면 적절한 이벤트나 우수 제품의 강조, 효과성을 부각시켜서 스페셜 관리를 적극 권유하여 매출을 상승시키고, 고객 만족도를 높여서 자연스럽게 재티켓팅이 연결될 수 있도록 해야 합니다. 재티켓팅 고객에게 이벤트를 시행하거나, 신규 고객을 소개했을 때 특별 서비스를 제공하거나, 기존의 프로그램에 추가된 한 가지 서비스를 해주는 것이 좋습니다.

고객이 사용하는 화장품의 종류를 알아보고 고객의 피부 타입과 고민에 맞지 않는 화장품이라면 과감하게 사용을 중단한 후 피부 관리실에서 사용하는 홈케어 화장품을 연계하여 사용할 수 있게 하는 것이 고객 피부의 개선에 긍정적 영향을 줍니다. 추가로 자외선 차단제의 사용을 꼭 강조해야 합니다. 예를 들어 미백 관리를 받는데 멜라닌 색소가 더 많이 올라오거나 자외선에 의한 노화에 의해서 피부가 더 푸석푸석해지고 주름도 더 많이 생긴다면, 고객과의 신뢰성이 무너지게 될 것입니다. 따라서 고객이 피부 관리실을 찾는 궁극적인 목적을 잘 달성시켰을 때 충성 고객이 만들어지는 것이므로 정성을 기울여서 전반적으로 관심을 가지고 관리 및 조언을 해야 합니다.

2-1
information

내부 고객의 충성 고객으로의 자리매김
　급여 지급과 함께 직원에게 전하는 감동의 메시지

사랑하는 나의 ○○매니저님!
○○매니저가 우리 숍에 온 지도 이제 3년! 모든 고객들을 내 가족처럼 대하며 오픈 멤버로서 고객을 늘려가며 함께했던 시간! 오늘 ○○매니저에게 펜을 들면서 영화의 필름이 돌아가듯이 우리의 예쁘고 애뜻한 추억이 떠오르네.
백화점에 들렀다가 블라우스 하나 보는 순간 ○○매니저에게 잘 어울릴 것 같아서 샀어. 마음에 들지는 모르겠지만 늘 더 좋은 것 주고 싶고, 행복한 공간에서 함께하고 싶은 내 맘 알거야. 예쁘게 입고, 하고 있는 공부 열심히 하고, ○○매니저가 성공하는 것이 곧 내가 성공하는 것이니 파이팅하고. 힘든 일 있으면 부담 갖지 말고 상의하고, 더 열심히 해서 매출 올려서 또 함께 여행 가자. 늘 건강하고, 우리 숍에 ○○매니저가 없다면 지금의 나도 없었을 거야.
Cheer up! You can do it!

 2-2
information

외부 고객을 충성 고객으로 만드는
　직원이 고객에게 전하는 감동의 메시지

사랑하는 ○○고객님!
시원한 바람이 옷깃을 스치는 가을~, 토요일 업무 마치고 기차 여행을 하고 있습니다.
○○고객님을 생각하며 내려가는 기차 안에서 행복한 미소와 함께 몇 자 적습니다. 처음 ○○고객님을 뵈었을 때 승모근이 많이 뭉쳐서 고통스럽다고 말씀하셨죠? 사실 그때 저는 피부관리를 시작한지 얼마되지 않았습니다. 하지만 저의 정성스런 피부 관리와 제 마음이 통했는지 몸도 많이 좋아지셔서 저도 기쁩답니다. 저를 예뻐해 주시고, 오실 때마다 비닐봉지에 귤이나 간식거리를 사다주시는 ○○고객님은 오랫동안 제 기억 속에서 떠나지 않을 것입니다. 이제는 중매까지 해주시는 ○○고객님을 뵈면서 진정 저를 얼마나 아끼시는지 말씀 안 하셔도 너무 잘 알고 있습니다. 요즘 ○○고객님의 몸이 많이 좋아지셔서 다행이고, 오랫동안 건강하시고 늘 밝은 고객님 얼굴 뵙기를 희망합니다. 안녕히 계세요.

 고객에게 확실한 디저트 제공, 고마움의 보상은 기대 이상으로!

Part 03
고객 클레임에 대한
대처 방안과 홍보 전략

고객이 클레임을 요구해 왔을 경우 대처해야 하는 방안 및 처리방법을 미리 연습하는 것은 어떨까요?

실전에서의 프로는 수많은 연습과 두려움 없는 부딪힘에서 베테랑이 된다는 사실!

물론 그 상황에 있지 않고서는 당황스러움이나 처리능력을 현실적으로 알 수 없지만, 많은 다듬어짐을

통한 깔끔한 클레임 처리의 차이에 따라서 고객은 충성고객이 될 수도 있다는 것입니다.

광고를 많이 하는 만큼 고객이 많이 올까요?

물론 광고의 효과도 있겠지만 기존의 고객이 또 다른 고객을 모셔오는 구전을 통한 홍보는 광고비를

들이지 않고서도 신뢰형성이 잘 될 수 있는 좋은 기회입니다.

구전의 효과 및 다양한 홍보 방법 그리고 주의점을 통해서 다양한 고객관리를 펼쳐봅시다.

1

감당하기 힘든
클레임

불만 사항을 말해주는 고객과 말하지 않고 거래를 끊어버리는 고객 중 어떤 고객이 더 무서운 고객일까요? 우리는 살면서 듣고 싶지 않은 쓴소리들을 많이 듣고 경험하면서 성장해 나갑니다. 불만 사항을 이야기하기까지 고객은 얼마나 많은 생각을 하고 고민했을까요? 고객에게서 듣는 불만 사항은 더 성장할 수 있는 피부 관리실이 될 수 있는 과정이며, 현명하게 클레임을 처리하여 충성 고객으로 만드는 것이 원장이나 매니저가 해야 할 숙제입니다.

현명한 클레임 처리

❋
고객의 클레임을 처리하는 태도는 우리 피부 관리실의 이미지를 결정합니다. 불만을 가진 고객에게 적절한 클레임 처리와 보상을 해 주지 않았을 경우 다시는 우리 피부 관리실을 찾지 않습니다.

피부 관리실에서의 클레임은 피부 관리 후 피부에 이상 증상이 생겼거나, 구입한 화장품 내용물이 문제가 있거나, 용기나 포장물 등에 이상이 발생했거나, 거래 과정에서 발생했던 불만에 대해서 시정을 원하는 소비자의 주장이나 요구를 말합니다. 이처럼 클레임의 종류는 다양하지만, 클레임을 처리하는 과정에는 고객의 사유를 끝까지 경청하는 것이 중요합니다. 중간에 고객의 말을 끊고 성급하게 설득을 하거나 변명하는 것은 고객을 더욱 화나게 할 수 있습니다. 고객이 마음속에 담고 있는 모든 것을 시원하게 말할 수 있도록 열린 마음으로 경청하는 것이 매우 중요합니다.

경영자 입장에서는 불만 사항을 말하는 고객에게 감사해야 합니다. 대부분의 고객은 불만 사항을 이야기하지 않고 관리가 끝나면 다른 곳으로 옮겨버리는 경우가 많기 때문입니다. 따라서 클레임이 발생했을 때는 오히려 좋은 기회로 생각하고 충성 고객으로 전환하는 계기로 만들어야 합니다. 또한 경청을 하면서 메모를 하는 것이 중요하며, 경청을 해서 고객의 마음을 읽었다면 진심으로 미안한 표정을 지으면서 사과하는 것이 바람직합니다. 만약 피부 관리실 측의 실수가 아닌 것은 고객의 오해를 확실하게 풀어주는 것이 중요하고, 표정만으로 그치는 것이 아니라 사과의 문장으로 화난 고객의 마음을 진정시키는 것이 좋겠습니다. 그 이후에 사실 여부를 확인할 것이 있다면 확인 후에 보상 한도나 책임 한계를 명확히 하여 조기 진화를 해야 합니다.

이 경우 해결책의 핵심을 찾아내기 위해서 "저희 숍에서 어떻게 보상을 해드리면 좋을까요?"와 같은 말로 고객의 의사를 묻는 것이 중요합니다. 그 이후 고객이 원하는 것의 기대 이상으로 보상해 줍니다. 그리고 끝으로 고객에게 클레임을 알려준 데 대해 감사하다는 말을 꼭 전하고, 더욱 신경을 쓰면서 정성스런 관리로 고객의 마음을 움직이도록 노력합니다.

클레임을 처리할 때 "고객님께서 그렇게 생각하셨다면 죄송합니다.", "지금까지 이런 적이 한 번도 없었습니다.", "안심하시고 고객님께 해가 되지 않게 할 테니 제게 맡겨주시고 오늘은 돌아가 주십시오.", "그 정도는 다른 사람도 많이 그렇게 되기도 합니다. 피부가 좋아지기 위한 호전반응이에요." 등의 부적절한 표현은 사용하지 않는 것이 좋습니다.

클레임 처리 방법에 있어서 바람직한 예를 소개하면 "고객님께 이러한 지적을 받고 지금까지 저희가 알지 못했던 수정 사항을 확실하게 알게 되었습니다. 말씀해주셔서 너무 감사합니다. 빠른 수정하여 고객님께 불쾌함을 드리지 않도록 하겠습니다. 고객님."이라고 말하는 것입니다. 아울러 원장이나 상담 매니저가 고객에게 작은 선물을 준다면 예외인 고객도 많겠지만 고객은 화났던 마음이 눈 녹듯

- 불만 사항이나 요구 사항을 정확히 파악합니다.
- 가능한 한 빠른 시간 안에 처리합니다.
- 불만을 제기한 고객은 우선 화가 무척 많이 나 있다는 사실을 명심하고, 피부 관리실 측의 실수가 아니어도 절대로 고객과 언성을 높이며 말다툼을 하지 않도록 합니다.

이 조금씩 풀어질 것입니다.

실제의 클레임 발생과 해결 사례를 많이 접하면서 "네, 고객님. 정말 죄송합니다." 이 한 마디면 고객의 불만이 풀어지는 상황이 많을 것입니다. 클레임을 처리하는 과정에서 고객에게 큰소리치면서 대들거나 함께 말다툼을 하는 행동은 절대 해서는 안 될 것입니다. 이러한 행동은 피부 관리실을 살리는 것이 아니라 고객 한 사람의 입소문으로 피부 관리실의 이미지를 완전히 떨어뜨리는 큰 실수를 하는 것입니다. 그러므로 고객과의 언쟁에서 이기는 것은 곧 지는 것임을 꼭 기억하세요.

바람직한 단계별 불만 처리 화법의 예시

"고객님, 불편을 끼쳐드려서 대단히 죄송합니다."

"안녕하십니까? 클레임 처리 담당 ○○○입니다. 고객님의 전화 접수 내용을 확인한 후 바로 전화 드렸습니다."

"죄송하지만, 현재 어떤 상태이신지요?"

"죄송하지만, 언제부터 그런 증상이 시작되셨나요?"

"화를 내시는 심정을 충분히 알겠습니다."

"고객님께서 ○○○라고 말씀하는 기분을 잘 알겠습니다."

"화가 나신 것은 당연합니다."

"네, 말씀대로입니다."

"즉시 방문하겠습니다"

"부디 넓은 마음으로 이해해 주시기를 부탁드립니다."

"예, 정말 무어라 드릴 말씀이 없습니다."

"예, 고객님 말씀이 맞습니다."

"이런 일이 발생하게 되어 송구스럽습니다."

"말씀하신 것 이외의 다른 사항은 없으십니까?"

"고객님의 사정을 충분히 잘 알았습니다. 즉시 조치를 취해 드리겠습니다."

"잘 알겠습니다. 적극 반영해서 수정하겠습니다."

"이렇게 불편한 사항을 말씀해 주셔서 대단히 감사합니다. 앞으로는 이런 일이 발생되지 않도록 특별한 신경을 써서 관리해 드리겠습니다."

"어려운 얘기를 있는 그대로 말씀해 주셔서 대단히 감사합니다."

고객 유형에 따른 대응 요령

• 성격이 급한 고객

말은 시원하게 하고 신속 정확하게 행동합니다. 만약 늦게 처리해서 발생한 클레임은 사유에 대해 반드시 공지하고 양해를 구합니다.

• 까다로운 고객

고객의 말씀을 경청하고 맞장구를 치면서 죄송한 마음을 전한 뒤 최대한 빠르게 처리합니다.

• 자존감이 강한 고객

고객의 말씀을 충분히 듣고 고객에게 호감을 얻도록 노력하면서 빠른 해결책을 찾습니다.

• 명랑형 고객

Yes와 No를 분명히 하고, 고객의 쾌활함 때문에 예의에서 벗어나는 행동을 하지 않도록 주의합니다.

• 얌전형 고객

말씀이 없는 것은 오해도 잘할 가능성이 있으므로 자상한 설명과 정중하고 차분한 태도로 고객을 대하며 빈틈없이 사후 처리를 합니다.

• 의심형 고객

자신감 있는 태도를 보여주는 것이 중요하고, 응대와 증거 등의 근거를 제시하여 확신을 주며, 담당 책임자가 직접 응대하는 것이 효과적입니다.

• 어린이 동반 고객

고객의 말씀을 충분히 경청하고 처리하면서 상황이 된다면 어린이에 대한 관심을 가져주고, 어린아이의 장점을 파악하여 적절한 칭찬을 해주는 것이 좋습니다.

잠시 생각해 봅시다

• 스페셜리스트가 되기 위해 지금 나에게 직면한 문제를 어떻게 해결해야 하는가?
• 작은 갈등이나 비 생산적인 직원간의 심리전이라면 과연 그것이 생각할 만한 가치가 있는 일인가?
• 더 큰 나를 만들기 위해 지금 이기는 것이 정말 이기는 것인가?
• 단 한번뿐인 인생에 반을 살아온 현 싯점에서 나는 얼마나 더 열정으로 일을 즐길 준비가 되어있는가?
• 나이 어린 직원들을 앉혀 놓고 동료 직원이나 아랫사람의 험담을 하는 것이 과연 내가 올라가는 생산적인 짓인가?

고객 불만 접수 및 처리 현황 예시표

고객이 불만을 토로하여 클레임이 발생할 경우 유선상으로 접수자가 내용을 전달받고 어떻게 처리(대처 방안)하는지에 대해 설명하겠습니다. 아래의 예시표를 참고하세요.

■1 고객 불만 접수 및 처리 현황

[표 3-1] 클레임 처리 대장 예시표

날짜	고객명	전화번호	내용	접수자	처리 내용
4월 1일	권경숙	000-0000	고주파 관리 시 온도 조절이 안 되어 붉게 얼굴의 화상	이하늘	병원에 모시고 가서 진정 치료 하고 서비스로 진정 젤 드림
6월 1일	신진영	000-0000	관리 후 얼굴이 온통 간지럽고 좁쌀 같은 트러블 발생	허바다	예민 진정 관리 후 진정 팩으로 마무리, 수시로 전화해서 피부 상태 파악 및 관심
9월 1일	이은희	000-0000	예약했는데 메모가 안 되어 오래 기다리다가 관리 안 받고 돌아감	이별	예약 접수 실수한 것에 대한 사과, 다음 방문할 때 얼굴 특수 관리 서비스 예약
7월 7일	김수야	000-0000	석고 팩 이후 얼굴의 붉어짐이 가라앉지 않음	고향기	쿨링 마스크로 진정시키고 홈케어 쿨링 마스크 3개 서비스 지급

[표 3-2] 클레임 처리 고객 만족 애프터콜 현황

NO.	고객명	연락처	통화 날짜	애프터콜 통화 내용
1	이순각	○○○-○○○○		정성스런 클레임 처리에 감동받으셨다 하심
2	김연희	○○○-○○○○		만족스러워하심
3	송라진	○○○-○○○○		
4	표초은	○○○-○○○○		
5	박성보	○○○-○○○○		
6	한상우	○○○-○○○○		
7	백기순	○○○-○○○○		
8	조승희	○○○-○○○○		
9	이승은	○○○-○○○○		
10	한승희	○○○-○○○○		
11	박찬희	○○○-○○○○		
12	이석연	○○○-○○○○		
13	이석희	○○○-○○○○		

설레는 좋은 예감
소개

영업을 잘하는 사람들을 보면 개척보다는 기존 고객 관리를 잘한 후 그들로부터 지인을 소개받아 계약하는 실제 계약률이 매우 높습니다. 소개는 매우 조심스럽지만 좋은 사람을 소개하는 일은 기분 좋은 일입니다. 한 사람의 고객 뒤에는 약 250명의 잠정 고객이 있음을 명심하고, 지금 이 공간에 나와 함께하는 고객에게 가슴 가득 사랑을 드리세요. 그러면 조금씩 성공이 나의 가까이에 다가오지 않을까요? 매출보다 중요한 사람의 마음을 사는것이 소중함을 알고…

소개 요청은 어떤 고객에게 해야 할까요?

고객이 또 다른 고객을 소개시켜 주기만 기다리고 있나요? 보험을 가입할 경우에도 소개를 받아서 온 컨설턴트에게는 쉽게 계약 서명을 하는 것처럼, 기존 고객에게는 홍보비가 따로 들어가지 않습니다. 그리고 소개해 준 고객도 스스로 피부 관리실의 성공을 위해 함께 적극적인 협력자로 구축시킬 수 있다는 큰 장점이 있습니다. 이와 같이 기존 고객을 통해 새로운 고객을 확보하기 위해 소개 티켓팅 시 '특별 관리 ○○○ 프로그램 2회 서비스' 등과 같은 이벤트를 마련하는 것도 좋은 방법입니다. 이때는 반드시 문서화된 소개장을 비치해 두고, 확인 절차 및 감사의 증정품을 즉시 주는 것이 효과적입니다. 또한 연말쯤에는 전체 고객 중에서 소개자가 가장 많은 고객에게 큰 선물을 증정하는 것도 좋은 방법이 될 수 있겠지요!.

1 소개 요청은 어떤 고객에게

개인적으로 친분이 있고 평소에 고객을 파악했을 때 기꺼이 도우려는 고객, 원하는 것을 지원해 줄 수 있으면서 자주 만나는 고객 등을 선별하여 추천하고, 큰 영향력을 미칠 수 있는 고객 등을 중심으로 요청합니다.

2 소개 요청 방법

문서화된 소개장을 가지고 요청하고, 전화번호를 미리 알려달라고 한 후 예비 고객이 소개의 내용에 대한 말을 미리 들을 수 있도록 합니다. 전화를 해서 1회 서비스를 받고 결정하라고 제안하는 것도 좋은 방법입니다. 또한 무료 쿠폰을 이용해서 피부 관리실에 방문하도록 유도하는 것도 효과적인 방법입니다.

3 소개 요청 화법

"고객님, 꾸준히 관리받으시니 기쁘시죠? 이렇게 피부가 예뻐지셨는데 주위에 아끼시는 분들 없으세요? 그분들도 함께 예뻐지면 좋으니까 저희 숍에 오실 수 있도록 고객님의 사랑하는 주위 분들 좀 소개시켜 주세요."

"피부 관리에 대한 좋은 정보를 친구 분들에게 알려주고 싶지 않으세요? 화장품도 좋은 제품을 저렴하게 판매하고 있는데요. 관리를 받지 않으시더라도 함께 한번 놀러오세요."

"친구 분 중에 얼굴 피부의 문제가 있으시면 고객님께서 해주실 수 있는 것이 무엇이 있을까요? 지금 이런 정보가 친구 분에게 도움이 되지 않겠어요?"

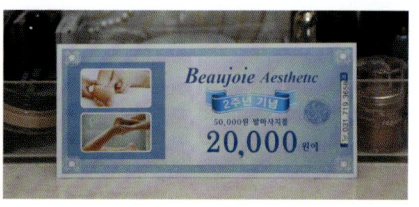

"친구 분 중에 피부 관리의 이런 정보를 필요로 하는 분이 꼭 계실 거예요. 소개 부탁드립니다, 고객님."

◀ 고객을 소개할 때의 증정품 목록 예시

숍을 알리는 기술!
홍보

홍보는 피부 관리실을 선택하기 전에도 반드시 필요한 부분이지만, 선택한 이후에도 '나의 선택이 탁월했어!' 와 같이 선택에 확신을 줄 수 있는 매우 긍정적인 수단입니다. 이번에는 홍보 전략 및 자세, 전단지 배포 및 부착에 대한 여행을 떠나볼까요?

선택에 확신을 갖게 하는 홍보 전략

피부 관리실에서 홍보는 숍을 널리 알린다는 의미로 대중 고객과의 관계를 원활히 하기 위한 모든 커뮤니케이션 활동을 말합니다. 그렇다면 어떻게 홍보할 것인가? 어떤 방법으로 매출이 저조하고 대중적이지 않은 피부 관리실을 더욱 널리 알리고, 활성화시킬 것인가?

고객들이 피부 관리실의 정보를 제공하면 지역의 피부 관리실 브랜드 인지도가 상승하여 이러한 문제를 해결할 수 있습니다. 아울러 이것은 매출 성장을 위한 꼭 필요한 것입니다. 홍보 방법은 다양하지만 전단지를 제작해서 직투 형식으로 배포하거나 쿠폰을 전달해 홍보할 수 있습니다. 또한 지역에서 연계 가능한 웨딩숍이나 헤어숍 등과 제휴하거나, 현수막 부착이나 DM 발송, 신문·잡지 광고, CF·CM 방송 광고, 버스 광고, 인터넷을 이용한 지식인 및 블로그 광고 등을 이용할 수 있습니다. 아파트 단지 안의 피부 관리실이라면 부녀회장을 만나거나 주기적으로 문자나 DM 등을 통해 협력자를 구축하는 것도 좋은 홍보 전략이 될 것입니다. 홍보 활동을 할 때는 반드시 복장과 띠를 착용하여 홍보의 효율성을 높여야 합니다.

홍보할 때의 자세

홍보 활동은 꾸준히 여유로운 마음으로 하는 것이 중요합니다. 홍보 후 곧바로 매출이 상승하지 않아도 실망하지 않고 꾸준히 계속해야 합니다. 홍보를 하기 전에 주위 상권을 분석해 홍보 투자를 어떤 식으로 할 것인가를 정해야 합니다. 또한 온라인과 오프라인에서 지속적으로 홍보하고 원장과 매니저, 직원의 적극적인 자세가 중요하고, 항상 긍정적이고 열정을 가지고 임해야 합니다.

✳

저가의 피부 관리 프로그램의 서비스로 재방문을 유도하거나 피부 관리실 주변의 백화점이나 할인 매장 및 헬스 클럽, 네일아트숍, 웨딩숍 등의 네트워크로 티켓팅을 유도합니다. 피부 관리실 주변의 아파트 단지 안의 관리사무소에서 나가는 안내장 및 전단지에 삽지를 넣거나 부녀회장을 만나서 협조를 구하는 것도 좋은 방법입니다. 피부 관리 프로그램이나 화장품을 판매하기 전에 철저히 고객 눈높이에 맞춘 이미지와 숍의 원장, 매니저, 모든 피부 관리사 개개인의 특화는 피부 관리 시의 홍보에 매우 중요한 요소입니다. 이렇게 하려면 되도록 많은 교육을 적극적으로 받아서 직원들의 수준을 높여야 합니다. 그리고 우리 피부 관리실만의 독창성을 연구하면서 동시에 내·외부적인 직·간접적인 홍보가 잘 이루어진다면 홍보의 효과를 더욱 높일 수 있습니다.

전단지 배포

전단지는 매출이 감소되는 비수기에 배포하는 것이 좋습니다. 피부 관리실을 신규로 오픈하거나, 다른 브랜드의 경쟁 피부 관리실이 등장하거나, 이벤트가 필요하다고 생각될 때 전단지를 배포하는 것도 좋습니다. 우선 전단지를 배포할 곳과 주 고객층이 누구인지 파악한 후 실시하는 것이 좋겠습니다. 출근하는 고객을 대상으로 한다면 이른 아침 유동 인구가 많은 지하철 입구나 기타 장소에서 배포하는 것이 좋고, 주부들을 대상으로 한다면 시장을 보기 위해 주로 많이 나오는 시간대를 골라서 대형 마트 앞이나 시장 입구에서 돌리는 것도 좋은 방법입니다. 또한 전단지를 배포할 경우 고객들에게 강제로 전달하지 않도록 주의해야 합니다.

✳

전단지 배포 시의 멘트는 "안녕하세요! 고객님 Ivy 피부 관리실입니다."라고 정중하고 예의 바르게 인사한 후 고객의 손의 높이로 전단지를 살며시 건넵니다. 고객이 전단지를 무시하고 지나가는 경우도 있지만, 전단지를 고객이 받은 경우에는 "감사합니다"라고 인사합니다.

전단지 부착

전단지를 우편함에 투입할 때 아파트의 경우는 전단지가 구겨지지 않도록 둥근 모양으로 가볍게 말아서 눈에 띄도록 투입해야 합니다. 현관문에 부착할 경우에는 손잡이의 바로 위쪽이나 문 옆 초인종의 위쪽이나 현관문의 가운데에 붙이는 것이 좋습니다. 이때 손잡이에 바로 붙여놓는 방법은 피하는 것이 좋습니다.

4

오감 만족 숍으로
승부한다

당신이 경영하고 있는 피부 관리실의 에너지원은 어디에서 나오는 것일까요? 우리 숍에 맞는 코드의 고객은 어떤 성향의 고객일까요? 코드가 맞지 않으면 합선이 되고 불이 납니다. 그러나 고객과의 코드가 맞지 않는다고 고객을 무성의하게 관리하거나 오지 못하게 할 수는 없는 일입니다. 그렇다면 고객 코드를 찾아서 어떻게 하면 고객과의 관계가 좋아질지 계속 연구하세요.

우리는 무의식과 잠재의식에서 나의 에너지를 끌어낼 수 있는 사람이 되어야 하는데, 그것은 피부 관리실도 연결해서 생각할 수 있습니다. 개인의 마음속 상태의 걸림돌을 치우거나 피부 관리실의 고객을 불쾌하게 하거나 만족스럽지 못한 것을 치우는 일은 매우 중요합니다. 살면서 우리는 어떠한 정보나 외부의 많은 사건들을 받아들입니다. 매 순간 여러 느낌이 뇌리에 자극을 주는데, 눈을 통한 경험으로 외부 사건이나 정보를 신체를 통해 받아들입니다. 우리는 듣고 싶은 말만 골라 듣는 경향이 있습니다. 살면서 남의 의도와는 전혀 다르게 나의 시각이나 내 촉각, 시각, 후각, 미각을 통해서 순간 경험을 하고, 외부 사건이나 정보 사건을 신체를 통해 받아들입니다. 눈을 통해서 무차별적으로 생략과 왜곡과 일반화를 시킵니다.

돈, 명예, 인간관계 등 가장 중요한 것은 내면의 정리를 통해 고객을 만족시킬 수 있는 것이고, 환경적인 문제도 자연으로 해결할 수 있습니다. 마음의 원리를 레몬을 먹는 것으로 비유해 볼까요? 레몬을 먹는 상상을 하면 침이 고이는 것처럼 몸과 마음은 하나의 고리로 연결되어 있습니다.

삶은 경험의 연속이고 원인과 결과인데, 경험은 여러 가지를 통해서 들어옵니다. 고객 만족의 개념도 마찬가지입니다. 내 마음속에 멀리 떨어져 있는 것이 아니라 시각, 후각, 미각, 촉각, 청각 등으로 들어옵니다. 악수하는 느낌, 포옹하는 느낌, 말없이도 받아들여지는 많은 것들에 대해서 들어오는 느낌이 있고, 말로 표현하는 것보다 몸짓이나 눈빛, 분위기, 표정, 전체적인 환경으로 표현하는 것이 매우 큰 비중을 차지합니다. 그리고 마음속의 많은 표현을 몸으로 전달하는 것이 단어로 표현하는 것보다 중요합니다.

고객 한 분 한 분 경험의 통로가 어느 경로를 통해서 더 빨리 다가오는가를 먼저 알아야 합니다. 이렇게 많은 고객들을 접하다 보면 다양한 경로로 자기 만족을 시키는 고객을 만나게 됩니다. '아, 나는 청각적인 사람이구나!', '아, 그 고객은 촉각적인 고객이구나!' 와 같이 말입니다. 미각적, 후각적, 시각적인 것들은 많은 경험을 통해서 나오기 때문에 인간관계가 매우 힘들어지기도 하고 좋아지기도 합니다. 그래서 고객을 만족시킬 때도 시각, 청각, 촉각, 미각, 후각을 만족시켜야 합니다. 70억 인구 중에서 본인과 똑같은 사람이 없고, 건설적이고 창의적인 고객 만족의 계단을 한 계단씩 오르면서 성취감을 느껴야 합니다. 예를 들어 팔에 상처가 나면 시간이 지나 아물고 낫겠지만, 상처가 되는 말과 싸늘한 눈빛이 40여 초일지라도 가슴에는 40년 동안 아픔으로 남을 수 있습니다. 반대로 고객에게 준 감동의 언어는 그 이상의 시간 동안 남을 수도 있습니다.

사람들은 제각기 자기를 만족시키는 경로가 모두 다릅니다. 시각적으로 자기 만족을 시키는 사람은 눈을 통해서 청각적으로 자기 만족을 시키는 사람은 비싼 돈을 들이지 않지만 멋진 칭찬 한 마디가 그의 하루를 즐겁게 할 것입니다. 그렇다면 피부 관리실을 찾은 고객들에게 자기 만족을 주려면 우리는 어떤 준비를 해야 할까요? 여기에서 우리는 숍의 모든 자원을 통해서 고객의 오감을 만족시킬 만한 준비가 되어 있는지를 반드시 체크해야 합니다.

1 시각적 만족

눈을 즐겁게 해줄 편안한 인테리어와 청결성을 갖추었는지, 직원들은 믿음을 주고 있는지에 신경 써야 합니다. 그리고 고객이 지갑을 열어서 지불하는 돈이 아깝지 않을 정도의 믿음을 주는지와 베드에 누워서 나의 얼굴과 몸을 맡길 수 있는지는 그 짧은 고객 첫 접점의 순간에 거의 이루어진다고 해도 과언이 아닙니다. 직원의 옷에 실밥이 터져서 너덜거리거나 오일이 찌들어서 때가 지워지지 않은 것이 시각적으로 보여진다면 믿음이 가는 편한 마음으로 베드에 눕는 것은 어려운 일일 것입니다.

2 청각적 만족

고객의 귀가 즐겁도록 명랑하게 인사하는 밝고 긍정적인 직원이 있고, 편안한 분위기 속에서 쉴 수 있는 음악이 준비되었는지 체크해야 합니다. 시끄러운 팝송이 나오고, 직원이나 원장이 숍에 강아지를 데리고 들어와서 짖어댄다면 눈을 감고 있는 동안 더욱 예민해지는 청각적인 만족감과는 거리가 멀어질 것입니다. 특히 눈을 감고 있는 동안은 베드에 누워 있기 때문에 의자를 밀고 당기는 소리나 문을 여닫는 소리, 직원들끼리의 대화 등이 더 크게 들립니다. 그러므로 우리는 발소리가 나지 않는 신발을 신고 말소리는 더욱 작게 해야 합니다. 직원들끼리 고객을 관리하면서 수군거리는 행동 또한 삼가해야 합니다.

3 후각적 만족

친구들을 통해서 혹은 직접 다른 숍에 가보았을 때 좋았던 점과 불쾌했던 점을 많이 보고 들어보았을 것입니다. 이러한 불만 중에서 숍에 들어서자마자 점심식사 이후의 청국장 냄새나 김치찌개 냄새가 불쾌했던 기억이 있을 것입니다. 또한 화장실 냄새 때문에 관리받고 싶은 마음이 사라졌던 경험이 있었는지 체크해 보세요. 고객들의 취향에 따라 선호하는 향이 서로 다르지만 너무 강하지 않으면서 무난하게 사용할 수 있는 싱그러운 풀잎 향과 같은 그린 계열의 향이 좋습니다.

4 미각적 만족

대개 숍에 들어가면 인사를 받고 상담 테이블이나 고객용 소파로 안내를 받습니다. 이때 기다리는 동안 차를 대접하는데, 고객이 선택권 없이 커피를 주는 숍이

종종 있습니다. 고객에게는 선택권을 주지 않은 채 대접하는 것은 미각적 만족과는 매우 거리가 먼 행동입니다. 그러므로 "고객님, 저희 숍에는 아로마차와 둥글레차, 녹차가 준비되어 있는데, 어떤 차로 드릴까요?"라는 말 한 마디를 하는 것이 매우 중요하며 현명한 고객 접대 매너입니다. 그러므로 고객의 혀를 만족시키도록 신경 써야 합니다.

음식을 먹을 때 맛있는 음식을 먹듯이, 말을 할 때도 맛있게 말할 줄 알아야 합니다. 말은 입술로 하는 것이 아니라 마음으로 한다는 것을 기억하세요. 맛을 말과 연결해서 말하는 것은, 맛있는 음식이 인기가 좋은 것처럼 말이 맛있고 멋있는 사람(言行一致)은 항상 인기가 좋기 때문입니다. 이런 직원이 많이 있는 피부 관리실은 훌륭한 관리로 이어져서 성공할 수 있을 것입니다.

5 촉각적 만족

추운 겨울날 고객이 들어왔을 때 "밖이 아주 춥죠?"와 같은 말 한 마디와 함께 관리사나 매니저가 따뜻한 손으로 고객의 손을 만져준다면 기능적으로 만족시켜 주는 몸 전체의 마사지 못지않게 큰 시너지 효과를 줄 수 있을 것입니다.

이제 우리는 피부 관리실에서뿐만 아니라 평소에도 오감으로 이야기를 해야 할 것입니다. 오감을 만족시키는 피부 관리실은 성공의 지름길입니다. 고객에게 좋은 것과 아름다운 것을 보여주고, 촉각적으로 만족시키면서 듣고 싶은 소리를 듣게 하며, 입 안이 즐거울 수 있도록 맛있는 것을 제공하는 것, 그리고 좋은 향을 맡을 수 있는 행복을 주는 피부 관리실로 차별화 경영이 필요한 때입니다.

끊임없이 실험 · 연구하고 공부하기

피부 관리실의 매출을 높이기 위해 깊은 지식과 경험의 상담 매니저나 관리실장을 두는 곳도 많지만, 피부 관리에 대한 짧은 지식과 상식으로 고객을 상담하고 설득하는 일은 깊이 생각해 보아야 할 문제입니다. 따라서 더욱 깊이 공부해 지식과 상식을 쌓아 자연스런 화법으로 고객에게 기대 효과를 가질 수 있도록 설득하는 것은 피부 관리실을 성공으로 이끄는 데 매우 중요합니다. 그러므로 입을 통해 끊임없이 연습해야 합니다. 지식이 부족한 경우에는 본인의 가까이에 늘 책을 놓고 보면서 부족한 부분을 내 것으로 만들어야 합니다. 아울러 입으로 그리고 몸으로 보여주고 들려주어 고객을 설득할 수 있도록 철저하게 트레이닝해야 합니다.

당신의 적극성과 얼굴 표정은 지금까지 당신이 살아오면서 많은 사람들과 접하면서 당신이 좋아하고 사랑하는 사람들의 모습을 종합해서 담아놓은 가장 귀한 얼굴입니다. 당신이 살고 싶은 대로 살 수 있고, 당신이 성공하고 싶은 높이까지 오를 수 있는 모든 것은 당신의 마음 안에 있습니다. 집중과 열정의 아름다움을 고객에게 아낌없이 창의적으로 쏟아붓는다면 당신은 반드시 성공할 것입니다.

MEMO

●

Part 04

아름다운
옛 추억을 떠올리며

잠시 생각해봅니다!

얼마나 많은 고통이 지금의 당신의 성공을 만들어주었는지……

얼마나 많은 눈물과 고뇌의 시간들이 당신을 성숙하게 만들어주었는지……

늘 당신의 뒤에서 사랑하는 마음으로 격려해주었던 따뜻한 사람들이 있었기에 성공의 계단에 오르셨겠지요.

누구보다 피나는 노력을 해오신 분들!

하나의 성공을 이루면 또 다른 계획으로 성공을 디자인한 분들의 성공 사례를 읽어보는 여행을 떠나볼까요?

양일훈 에스테틱 아카데미　양일훈 원장

피부 관리 업계의 주 원동력은 교육의 이미지입니다. 제대로 교육되지 않은 피부 관리실은 성공적으로 경영할 수 없습니다. 저는 피부 관리 전문 학원과 피부 관리실을 함께 운영하고 있고, 현재 고객 수 500명, 학생 500명, 직원과 강사 30명으로 구성하여 운영하고 있습니다.

저의 경영 철학은 '초심을 잃지 말자' 입니다. 이것은 제가 수없이 많은 대학과 평생교육원, 기타 교육 의뢰를 받아 강의를 할 때 늘 강조하는 내용입니다. 직원의 교육을 강조하고, 교육한 것들을 실무에서 적용하기를 강조하다 보니 직원 교육만큼은 아주 철저하게 시키고 있습니다. 매주 프로그램대로 교육이 이루어질 뿐만 아니라 1년에 1회 분기별로 큰 교육 행사를 통해서 결과를 만들어내는 충전의 장을 만들고 있습니다. 결코 개인기는 팀워크를 이기지 못한다는 것을 강조하면서 단합의 장을 만들어가고 있습니다.

현재 선택의 다양성을 제공하기 위해서 수입 제품을 포함한 약 30여 가지의 다양한 화장품을 사용하고 있습니다. 특히 화장품은 고객에게 프로모션을 하기 위해서 손님들이 보도록 진열장에 신경 써서 진열하고 있습니다. 직원들도 고객에게 홈케어 제품이 가장 중요하다고 강조하고 있고, 많이 판매하도록 교육 및 트레이닝을 시키고 있습니다. 피부 관리실에서 아무리 좋은 화장품으로 관리를 받아도 고객이 사용하는 화장품이 고객의 피부 상태에 맞지 않는다면 피부 관리의 효과는 떨어질 수밖에 없습니다. 피부 개선의 결과로 보여준 신뢰 속에서 홈케어 화장품 판매와 합쳐 현재 매출은 매우 높습니다.

저희 숍에서는 주로 여드름, 미백 제품을 대상으로 홍보용 디스플레이를 하고 있습니다. 그리고 정기적으로 실시하는 고객 앙케트 조사에서 고객층의 만족도를 조사해 보니, 여드름과 보디 관리의 만족도가 가장 높았습니다. 결과로 나타나는 부분이 많다 보니 여드름용 홈케어 제품을 꼭 사용해야 하는 것처럼 먼저 상담을 해오는 경우가 많아 보디 제품을 포함한 다양한 제품들의 매출도 매우 높습니다. 잘되는 숍과 그렇지 않은 숍의 차이는, 교육을 바탕으로 이끌어낼 수 있는 직원들의 기본 마인드와 테크닉적인 실력뿐만 아니라 고객에게 기대 효과를 가지게 하고, 눈으로 직접 결과를 확인시키는 전반적인 상담의 능력이라고 생각합니다. 그리고 매출로 연결되는 중요한 부분인 '저가이면서 기본으로 가느냐', '고가이면서 스페셜로 가느냐'의 선택 또한 중요하다고 생각합니다.

외부 고객뿐만 아니라 내부 고객의 만족을 위해서 늘 간식으로 빵과 우유, 음료수를 수시로 먹을 수 있도록 준비하고 있고, 직원들을 매우 소중하게 생각하면서 실천으로 옮기려고 많이 노력하고 있습니다.
또 외부 고객 관리에 늘 관심을 갖고, 고객 수가 많아도 축하, 계절별 인사, 앙케트 조사, 기타 필요한 내용을 서로 많이 교환하고 있습니다. 활발한 커뮤니케이션이 이루어지고 있다는 것이 중요한 부분인 것 같습니다. 유명 연예인을 포함하여 알 만한 사람들도 자주 방문하지만 다른 곳으로 가지 않고 멀리 있어도 우리 숍에 오는 이유는 이곳에 오면 따뜻함을 느낄 수 있어서가 아닐까요? 우리 피부 관리실과 학원의 입구에는 '어디에서나 따뜻한 사람으로 남으세요.'라는 글이 적힌 액자가 걸려 있습니다. 이와 같이 고객을 사랑하는 따뜻한 마음과 관심, 사랑이 함께하는 피부 개선의 효과는 금액으로 환산되지 못할 만큼의 고객 만족을 안겨 주기에 충분하다고 생각합니다.
저는 고객 만족의 기준은 우선 직원들의 정성과 사랑이 함께한 관리 후의 효과성이라고 생각합니다. 테크닉적인 부분을 통해 고객의 기대에 만족시키고, 피로를 풀며, 편한 분위기 속에서 관리를 받도록 하고 있습니다.

저만의 독창적인 성공 노하우가 있다면 '수입과 지출에 대한 밸런스를 잘 맞추자'입니다. 숍을 운영하려면 세금에 관한 상식이 필요합니다. 어떤 피부 관리실은 경영이 잘되는 것 같은데, 이윤이 많지 않은 경우가 있습니다. 그러므로 세금에 관해 공부하는 것도 중요하고, 경영을 하다가 잘 안 될 수도 있는데, 그때는 새로운 수입을 창출하는 것이 바람직합니다. 직원들이 위축되지 않게 따라오게 하는 것도 매우 중요한 부분입니다.

저는 피부 관리실 업계의 '모델 숍'이라는 사명감을 가지고 직원들을 교육시키고 있습니다. 직원들에게도 미래의 오너로서의 경영자 마음을 연습시키고, "이 피부 관리실은 여러분 것입니다. 한 번 해보세요." 하면서 이상적인 것을 찾아서 연구합니다. 그리고 어떻게 하면 고객들이 만족할 것인지 늘 연구하고 실천할 수 있도록 제시합니다. 주인 의식과 함께 열린 마음으로 직원 한 사람 한 사람의 의견을 수렴하고 반영하는 편입니다. 돈 안 들이고 경영하면서 발전하는 직원들의 모습을 각인시키고, 직원 개인의 숍을 내기 전에 미리 경영자 수업을 받을 수 있도록 솔직하게 오픈하여 투명 경영을 하고 있습니다.

직원끼리의 화합을 중요하게 여기고 있고, 부정적인 것을 긍정적으로 해석할 수 있도록 해결할 문제의 실태를 많이 풀어주고 있습니다. 직원들에게도 크고 작은 부분까지 관심을 쏟고 늘 칭찬을 아끼지 않습니다. 그리고 안 좋은 것이 있으면 마음에 두지 않고 편안한 대화의 채널을 만들어서 직원끼리 화합을 시키고 있습니다. 또한 윗사람으로서 아랫사람에게 테크닉을 확실하게 전수시키기 때문에 교육 면에서도 직원들의 만족도가 매우 높은 편입니다.

저희 피부 관리실의 직원들은 자부심이 대단합니다. 대한민국이 아니라 전 세계 어느 곳을 가도 결코 뒤지지 않는다고 생각하며, 조직 목표뿐만 아닌 개인 구성원으로서 성장을 시켜주는 곳입니다. 저는 직원들에게 끊임없이 동기 부여를 시키고, 마인드 교육을 시키며, 일방통행을 하지 않고 상호 커뮤니케이션을 하도록 유도하고 있습니다. 대화와 단합, 배려를 강조한 결과 노력의 결실이 긍정적 결과를 낳고, 투명한 경영을 통한 경영자 수업까지 저희 직원들은 필요한 공부를 다각도로 하고 있다고 자부합니다.

한 달에 1회 매출 결과 등을 가지고 잘되지 않았던 이유와 잘되었던 이유를 함께 연구하고 있습니다. 실장과 직원들의 노력에 대해 칭찬과 격려를 아끼지 않으며, 향후 목표에 대한 마음가짐을 늘 새롭게 다짐하면서 개인이 성장해 나갈 수 있는 힘과 용기를 북돋워주고 있습니다. 또한 어려운 일이 생기면 어떻게 할 것인지에 대해 많이 생각하면서 일하도록 교육을 시키고 있습니다.

끝으로 강조하고 싶은 것은, 성공을 위해서는 단합해야 하고 초심을 잃지 말아야 한다는 것입니다. 이것이 강력한 힘을 준다고 저는 믿고 있습니다. 고객들은 피부 관리를 잘하고, 차별화되어 있으면서 편안한 곳에서 관리받고 싶어 하죠! 저희 숍의 직원들은 너무나 즐겁게 일하고 있습니다. 또한 인테리어를 하면서 방음, 조명, 프라이버시를 존중하는 공간 등에 많은 신경을 썼습니다.

제품 회사에서 8년, 강의 경력 15년을 포함해서 총 23년의 경력을 가지고 있는 저는 27세부터 시작해서 성공과 실패를 모두 경험해 보았습니다. 따라서 원장들의 애로 사항이나 문제점을 잘 알고 있습니다. 저는 외국에서도 공부를 하고 왔습니다만 피부 관리는 절대로 학문으로 끝나서는 안 되고, 고객을 만족시키면서 사회적인 문제를 야기해서는 안 된다고 생각합니다.

처음 시작하는 원장이나 성공 경영에 도움을 받고 싶으신 분은 저의 23년의 실무 및 강의 경력으로 피부 관리실 성공 경영 강의를 할 때 들으러 오세요. 수요일과 금요일 오후 7시~9시 30분까지 학문, 가치관, 경영자, 사람 관리, 방향 제시, 비전 제시에 대한 강의를 들을 수 있습니다.

Massage is a message! 어디에서나 따뜻한 사람으로 남으세요!
성공하십시오. 파이팅!

Beaujoie Aesthetic 이승진 원장

연예인 집안에서 태어나 공부보다는 음악을 너무나 사랑했고, 연예계 생활을 하면서 얼굴에 신경을 많이 쓰는 편이었지만, 늘 여드름이 심한 제 피부가 고민이었어요. 아버지가 심한 여드름 피부셨거든요. 여드름은 84%가 유전이라고 하잖아요? 여드름 피부를 고쳐보려고 전국을 돌아다니면서 노력했고, 늘 고민스러운 얼굴을 하고 다녔어요. 그러다가 피부 공부를 해서 얼굴을 고쳐봐야겠다는 마음으로 공부를 시작하게 되었습니다.

공부하던 중간에 일본에 노래하러 갔다가 나고야에서 유명한 온천을 하고 있는 동생 집에 머무르게 되었습니다. 함께 이야기를 나누던 중 숍을 한 번 해보라는 동생의 권유에 의해서 숍을 시작하게 되었어요. 그리고 양일훈 원장님을 만나면서부터 5년 동안 피부 공부를 정말 열심히 할 수 있었습니다. 제 피부가 좋아지는 것을 확인하면서 저처럼 고민스러워하는 고객들을 위해 숍을 경영했습니다. 결국은 제 얼굴이 깨끗하지 않았기 때문에 그것을 고쳐보려고 시작했던 공부에 대한 열정의 결과가 현재의 성공을 있게 해준 것 같아요.

저희 숍에는 현재 꾸준히 오시는 고객 수는 100여 분, 직원은 6명(매니저 1명, 실장 1명, 팀장 1명, 직원 3명)입니다. 저의 경영 철학은 '내 자신을 잘 다스리자' 이고, '사랑'과 '존경' 입니다.

나 자신을 사랑할 수 있는 사람이 남도 사랑할 수 있다고 생각하면서 제 자신을 사랑하려고 많이 노력하면서 살고 있답니다.

저는 무엇보다 교육을 강조하고 있으며, 고객 응대법이나 세팅법, 청소, 기타 중요 사항을 직접 교육합니다. 항상 시스템을 연구하고, 기본이 되는 화장 솜도 소독해서 사용하며, 눈에 올리는 아이패드에도 아로마 향을 응용해 고객의 심신을 편하게 해주는 방법을 사용합니다. 냉장고에는 당일 사용할 화장품과 솜 등 기타 용품이 위생적으로 준비되어 있습니다. 또한 자기 몸이 청결하고 건강할 수 있도록 숍의 청결성을 매우 강조합니다.

저는 고객 만족의 기준을 직원들의 서비스와 마인드, 그리고 고객들이 편안하게 관리받으실 수 있는 분위기 연출 등에 두고 있습니다. 그래서 인테리어에 특히 신경을 썼습니다. 우선 천장을 높게 해서 웅장하고 럭셔리한 분위기를 연출하고, 조명과 벽지, 소품을 포함한 재료들을 직접 꾸며 숍 구석구석의 작은 부분까지도 신경을 기울였습니다. 특히 환기나 방음 시설에 주의를 기울여 숍에서는 물소리와 음악소리 외에는 소리가 나지 않도록 직원들을 철저하게 교육시켰습니다. 고객이 누워서 눈을 감고 있으면 청각적으로 예민해지기 때문에 소리는 매우 중요한 부분이죠.

그리고 직원들에게 출근 시간을 정확하게 지킬 것과 거짓말을 하지 말라는 것을 강조하고 있습니다. 저는 직원을 금덩어리와 같은 귀한 보석이라고 생각합니다. 직원들이 있기 때문에 내가 있는 것이고, 잘되는 멋진 숍과 제가 있으므로 직원들이 있을 수 있는 것이니까요. 그래서 항상 서로를 소중히 알고 아껴줄 수 있도록 몸으로 보여주고 실천하도록 교육합니다. 내부 고객의 직원 관리는 친구처럼, 언니처럼 대하고, 때로는 엄마처럼 심하게 야단을 치기도 합니다. 그리고 먹는 것은 확실하게 잘 먹입니다. 간식도 저칼로리 고영양으로 몸에 좋은 음식으로 해서 먹이고 있고, 노력한 것에 대한 대가는 분명히 차별화해서 확실하게 대우하는 편입니다. 일하는 시간 외에 회식이나 놀 때는 화끈하게 즐길 수 있도록 합니다. 이처럼 저는 최대한 저희 직원들을 만족시키려고 많이 노력하고 있죠.
그리고 직원을 채용할 때는 아주 까다로운 질문과 테스트를 거쳐서 뽑습니다. 무엇보다 직원의 이미지는 피부 관리실의 전체 이미지에 80~90% 정도를 차지하기 때문입니다. 실력은 채용 후에 키우면 되지만, 인성을 가르치는 것에는 한계가 있으므로 사람 됨됨이를 가장 중요하게 생각해 내 사람으로 키울 직원을 신중하게 뽑습니다. 그리고 필요할 때 바로 인원을 구하기보다는 항시 직원 모집 공고를 내어 시간을 두고 이력서를 받아 놓은 후 괜찮은 사람이 있을 때 채용합니다.
저희 숍의 직원들은 너무 잘하고 있고, 혹여나 마음이 떠난 직원은 절대 잡지 않습니다. 제가 모든 관리를 직접 할 수 있고, 100% 예약제이므로 큰 문제가 되지 않기 때문입니다. 다른 숍에서는 직원들이 테크닉을 조금 배워서 잘할 만하면 다른 숍으로 옮겨서 원장을 힘들게 한다고들 하는데, 저희 직원들은 정말 오래 있고 싶은 숍이라고 이야기하곤 하네요. 그래서 직원들이 참 고맙고 예뻐요.

저희 숍에서는 고객이 처음 상담을 받을 경우 스킨바에서 피부 테스트를 한 후 고객에게 맞는 테스터용 화장품을 다양하게 발라볼 수 있도록 했습니다. 이러한 것은 고객의 만족도가 매우 높은 편이며, 홈케어 화장품의 판매도 잘 되고 있습니다. 또한 고객들이 가장 선호하는 프로그램은 아프지 않은 경락입니다. 아프면 신경이 예민해지므로 릴랙스가 되지 않아 마사지의 효과가 떨어지죠. 그래서 경락+스웨디시 마사지+골귀법을 이용한 발 관리, 스팀, 두피 등 머리끝에서 발끝까지 어느 곳으로 치우침이 없도록 전신을 모두 관리하고 있습니다. 저희의 전신 관리는 두피부터 풀어준 후에 들어가기 때문에 고객 만족도가 매우 높습니다.

피부 관리 프로그램을 권유할 때 특별히 사용하는 화법은 없지만, 스팀 사우나에 대해 설명(몸을 풀어주고 근육이 이완되어 건강에도 매우 효과적이라는 것)하고, 아로마테라피의 효과와 고객에게 적합한 관리에 대해 설명하며, 딥티슈와 골귀법에 대해서 집중할 수 있는 분위기의 상담실에서 낮은 목소리로 차와 함께 많은 상담을 합니다. 그러다 보니 고객들의 기대 효과도 높은 편이고, 티켓팅은 자연스럽게 이루어집니다.

저는 처음부터 강제로 10회 티켓팅을 권하지 않습니다. "한 번 받아보시고, 고객님께서 결정하세요."라고 말합니다. 그래도 10회 티켓팅을 하는 고객도 있고, 1회 받아보고 결정하는 고객도 있죠. 저희 숍에는 연간 회원이 많습니다. 그리고 금액을 1,000만 원, 650만 원, 500만 원 또는 그 이하로 해서 고객이 방문할 때마다 피부 타입과 고민에 따라 적절한 관리를 들어가게 하고 있습니다. 고객 분들께서는 저희 숍에 들어오면 음악, 향, 차, 편안한 인테리어, 촉각적 만족 등 너무 편해서 관리를 받고 싶은 생각이 저절로 든다고들 하십니다.

피부 관리실에서 정말 중요한 부분인 홈케어 제품 판매에 대해서 설명하겠습니다. 무엇보다 좋은 제품을 사용하고, 우수한 테크닉으로 전문성 있게 관리하다 보니 피부가 좋아지는 것이 고객 눈에도 보입니다. 따라서 꼭 사서 발라야 하는 줄 알고, 권하기도 전에 구입하고 싶다고 하세요. "여기서 저를 관리해주는 제품을 꼭 사고 싶은데, 어느 회사 제품이에요? 살 수 있을까요?" 이렇다 보니 피부 관리와 홈케어 제품의 판매가 자연스럽게 연결되고 있습니다. 저희 숍에는 구석구석에 제품을 진열해 놓은 진열장, 우수한 제품 홈케어 판매의 진열 등 다양하고 효과 좋은 화장품들을 고객이 가까이서 만져보고 발라보고 써볼 수 있게 전시하고 있습니다. 그러다 보니 고객님들의 피부 관리에 대한 매출과 더불어 제품에 대한 매출도 매우 높습니다. 특히 여드름 케어나 안티에이징 라인 화장품은 매우 인기가 좋습니다.

피부 관리실을 경영하면서 주로 신문, 책, 전단지 등에 따로 광고를 내지 않아도 고객이나 지인의 소개로 많이 찾아옵니다. 이메일을 보내거나, 인터넷을 이용한 스킨알렉스(인터넷 마케팅을 통한 숍 홍보로 오신 고객의 경우 50 대 50 수익 나눔 고객 소개 사이트) 등입니다. 그리고 새벽에 날짜를 정해서 저의 몸매 관리 겸 운동을 하기 위한 전단지 돌리는 작업도 즐거운 마음으로 하고 있습니다. 고객이 직접 다른 고객을 소개할 경우에는 10만 원에 전신 특별 관리를 받을 수 있도록 쿠폰을 제공하고, VIP 고객의 결혼식에는 축의금과 함께 화장품 선물을 하고 있습니다. 또한 고객이 창업할 때도 성의금을 드리고 있습니다. 그리고 자체적으로는 일 년에 여름과 가을에 2번 행사를 하고 있습니다. 화장품 샘플과 함께 7만 원 관리를 2만 원에 받을 수 있는 특별 쿠폰을 드리는 행사로, 거의 감사 홍보 및 이벤트 개념이죠. 광고나 특별한 홍보를 하면 많은 고객이 올 것 같지만, 대부분 소문을 듣고 오는 고객들이 가장 많습니다.

저는 연예인 집안에서 태어나 18년 동안 연예계 생활을 했고, 이후에 지금의 이 업종을 택했지만 이 선택에 후회는 없습니다. 돈을 벌기 위한 수단이었다면 금방 그만두었을지도 모르지만, 제게는 이 일이 정말 잘 맞고 행복함을 느낍니다. 저는 여기에서 멈추지 않고 향후 우리나라의 피부 관리실은 직원들에게 경영을 맡기고, 외국으로도 진출할 예정입니다. 지금까지의 성공을 믿고 이끌어 왔던 것처럼 저는 미래의 목표대로의 성공을 믿습니다.
~ 전국에 계신 원장님들, 모두 파이팅 !! ~

Beaujoie Aesthetic 이승진 원장

보보네일　김진영 원장

저는 현재 30대 중반의 나이이며 11세와 9세 남매를 둔 엄마이자, 서울과 지방에 각각 두 곳씩 모두 4개의 네일숍을 운영하는 경영자입니다. 그러나 저는 불과 6년 전만 해도 농협중앙회에서 일하던 평범한 은행원이었습니다. 원래 미술 쪽에 관심이 많아 미대에 진학하기를 희망했지만 예체능은 안 된다던 부모님의 완강한 반대로 영문과에 진학했습니다. 졸업 후 부모님의 권유로 농협중앙회에서 근무하게 되었고, 적성과 전혀 맞지 않던 직장이었지만 그곳에서 지금의 남편을 만나 결혼을 했습니다.

남들보다 조금은 먼저 시작한 결혼 생활을 하면서 두 아이를 낳고 직장, 그리고 자기 계발까지 정말 바쁘게 살았습니다. 부족한 공부를 더하기 위해 야간 대학교를 편입해 다녔고, 요리하는 것이 즐거워 한식과 양식 조리사 자격증 공부를 했습니다. 또한 메이크업 학원을 다니면서 메이크업과 네일을 공부하면서 농협을 떠날 것을 결심했습니다. 저는 1년 동안 제2의 인생을 위해 미친 듯이 준비하고 또 준비했었던 것 같습니다.

IMF 이후 농협이 축협과 합병되면서 농협에도 명예퇴직 바람이 불었습니다. 모두들 그 대상자가 될까 봐 두려워했지만 저는 기회가 왔다 생각하고 자진 명퇴를 했습니다. 20대 때는 결혼과 출산으로 그저 편한 게 좋은 것이라고 생각하면서 살았지만, 30대 때는 내가 원하는 일을 해야겠다고 결심했습니다. 그리고 충분히 성장 가능성이 있었지만 당시 국내에는 많이 알려지지 않았던 네일아트를 선택했습니다. 직장을 다니면서 이미 인증 강사 자격증과 1급 기술 자격증, 발 관리 경락 자격증 등 여러 개의 자격증을 준비해 놓았고, 주말에는 틈틈이 아르바이트를 통해 실무를 익혔기 때문에 결정하기가 어렵지 않았습니다.
실용주의 본고장인 미국에서 네일아트를 제대로 배워보고 싶어 농협을 퇴사하고 저는 미국 유학을 감행했습니다. 열린 사고를 가진 시어머니와 전적으로 나를 이해해 주는 남편이 큰 힘이 되어주었으나, 주위에서는 두 아이와 남편을 두고 가는 저에게 격려보다는 차가운 시선이 더 많았습니다. 29세였던 나이에 낯선 땅에서 밑바닥 생활이란 값진 경험을 하고, 생활비를 벌기 위해 낯선 타인종 사람들의 손발을 만졌습니다. 때로는 그들에게 무시를 당하며 아르바이트를 하고 학교를 다니는 일이 쉽지는 않았습니다. 그래서 아직까지도 미국으로는 여행조차 가고 싶지 않을 정도입니다. 이러한 고생스러운 기억은 네일을 쉽게 포기하지 않도록 나를 단단히 잡아주고 있는 버팀목이기도 합니다. 왕복 비행기 표와 네일 학교 등록금, 한 달치 방값만 가지고 떠났던 저는 1년 만에 뉴욕 주의 네일 아트 자격증을 취득했고, 일에 대한 자신감과 인생의 새로운 목표를 가지고 우리나라로 돌아왔습니다.

귀국한 후 저는 지인의 도움으로 서울 논현동에 1호점을 오픈하게 되었습니다. 그때까지만 해도 저는 그저 네일 기술자였을 뿐 경영 마인드는 전혀 갖춰지지 않은 상태였습니다. 단지 내 숍이기 때문에 내 자신의 열정이 넘쳐 열심히 일했을 뿐 직원들을 많이 배려하지 못했었습니다. 결국 직원들은 세 달을 버티지 못하고, 심한 경우에는 한 달을 버티지 못하고 그만두고는 했습니다. 그러나 저는 그만두는 직원 탓만 했지, 원인이 저에게 있음을 전혀 느끼지 못했습니다.
한참 힘들어하던 저에게 남편은 책 한 권을 선물했고, '내부 고객'이라는 단어를 접하면서 저의 행동이 아주 크게 잘못되었다는 것을 깨달았습니다. 비록 똑같이 일을 하더라도 저는 오너이므로 직원들도 저의 내부 고객으로 대해야 한다는 것을 알았죠. 1호점을 오픈한 지 일 년이 지날 때쯤에서야 자기중심적 사고에서 벗어나 그들의 입장에서 바라보는 시각을 가져야 한다는 것을 어렴풋이 알게 되었습니다. 자신감과 열정이 때론 자신에게 독이 되고, 다른 사람에게 상처가 될 수도 있음을 알았습니다. 창피하지만 정말 처음으로 내가 아닌 타인을 먼저 생각해 보는 배려의 마음을 갖게 되었고, 나를 버리는 일이 정말 중요한 일임을 깨닫게 되면서 나의 경영이 시작되었던 것 같습니다.

1년 후 쯤 저는 또다시 지인의 도움으로 2호점을 오픈하게 되었습니다. 많은 시행착오 끝에 1호점은 자리를 잡아갔고, 하나의 매장을 운영하듯이 하나 더 운영하면 된다고 생각했기 때문입니다. 그러나 그것은 저만의 큰 착각이었고, 섣부른 판단에 과욕이었다는 걸 깨닫는 데는 그리 오래 걸리지 않았습니다. 매장은 두 개였지만, 그 외 고객 관리, 매장 관리, 직원 관리는 세 제곱 네 제곱으로 늘어난 듯한 느낌이었습니다. 다른 하나의 매장을 비우는 순간부터 나 자신을 비우는 수련도 함께 해야 했고, 다른 사람을 신뢰해야 하는 마음도 가져야 했습니다.

저는 두 개의 매장에 매니저를 두고 그들에게 모든 권한을 위임했습니다. 돌이켜 보면 그 모든 것은 나 자신과의 싸움이었던 것 같습니다. 한 명 한 명의 직원을 나의 동생처럼, 가족처럼 생각하면서 그들의 단점이 아닌 장점만을 보려 노력해야 했습니다. 저는 그들의 개인적인 특성 하나까지도 이해하려고 애쓰고, 그들을 내 마음에서 비우고, 걸러내고, 정화하는 작업을 계속해야만 했습니다. 이상하게도 내가 노력하면 할수록 그들이 더 나에게 친근하게 먼저 다가왔고, 친구 같은, 가족 같은 분위기를 만들 수 있었습니다.

분위기가 좋아질수록 매출은 자연히 올랐고, 저는 또다시 내부 고객의 중요성을 실감했습니다. 지금도 각 매장에서 강조하는 부분은 '서로 아껴주자!' 입니다. '내가 먼저 하면 저 친구가 덜 힘들겠지', '내가 편하면 저 친구는 더 힘들겠지' 라고 생각하자는 것입니다. 사실 저는 저와의 관계보다도 직원들끼리의 관계를 더 중요시하게 생각합니다. 여자들이기 때문에 사소한 트러블은 수없이 발생합니다. 그러나 저는 서로 스스로 관계를 풀어나갈 수 있도록 가능하면 알고 있더라도 지켜보면서 아는 체하지 않습니다. 경험상 제가 나서서 중재해 주더라도 관계는 개선되지 않고 어느 한쪽은 반드시 그만두곤 했습니다. 그러나 그대로 두면 관계를 풀어나갈 확률은 50%였죠. 이쪽이 더 승산이 있다고 판단되기 때문에 본인들 스스로 해결하게 하는 쪽을 선택합니다.

1년에 한 개씩 매장이 늘어나 3개의 매장이 되자 그에 따라 직원 수도 늘어났습니다. 저는 여전히 그들과 가족처럼 지내면서 그들의 고충을 듣고 상담해 주면서 기술도 전수했습니다. 그럼에도 불구하고 고객들에 대한 의견을 나누는 횟수가 점점 줄어들자 저는 뭔가 대책이 필요하다 생각했습니다. 그래서 직원들의 이력서를 매장별로 분리해서 그들의 입사 날짜, 면접 때 했던 이야기들(저는 항상 이력서에 면접 시 나눴던 내용을 꼼꼼히 기록합니다), 요즘 근황, 취미, 가족 이야기 등 일반적인 내용과 매일 매장에서 나눴던 대화에서 얻은 정보를 기록했습니다. 남자친구 이야기, 머리 잘랐는데 마음에 안 든다는 이야기, 이사했다는 이야기,

버스를 놓쳐서 지각했다는 이야기 등 정말 이것저것 사소한 것까지 기록하고, 다음번 매장에 들르기 전 그 기록을 보고 가곤 했습니다. 이렇게 하다 보니 직원들에 대한 일을 저절로 외우기도 하고, 직원들에 대해 좀 더 자세히 알게 되면서 자주 보지 못해도 친밀감을 어느 정도 유지할 수 있었습니다. 직원들도 저의 관심을 알아주었고, 오랜 시간 함께하는 가족이 되어가고 있습니다.

맨 처음 직원들을 한 달도 채 못 버티게 만들던 저였는데, 정말 놀라운 변화입니다. 몸은 힘들어도 마음만은 즐겁게 일할 수 있는 일터는 제가 가장 우선시했던 부분입니다. 그러나 이것들 외에도 제가 챙겨야 할 부분이 많다는 것도 알게 되었습니다. 세 개의 매장을 운영하는 과정에서 저의 경영 마인드도 크게 성장했던 것 같습니다.

모두들 항상 초심을 강조합니다. 저 또한 그들의 입장에서 바라보려고 마음먹었던 맨 처음을 떠올리면 문제의 해결점이 반드시 보였습니다. 대부분의 사람들이 알다시피 미용 계통은 급여가 적습니다. 생활이 가능할까 싶을 정도로 말이죠. 기술 전수라는 오너의 무기로 그들의 생활을 너무 힘들게 하지는 않는지 늘 깊이 생각합니다. 그러나 인정만으로 운영할 수 없는 것이 사업입니다. 직원들도 살고 나도 살 수 있는 길에 대해 고민한 결과 인센티브제로 운영하게 되었습니다. 매장 운영과 최소한의 이익을 계산하고 각 매장의 목표 달성액을 지정한 후 목표를 달성했을 때 기본 개인 인센티브를 지급하고 있습니다. 목표액이 넘으면 '초과 인센티브'라는 명목으로 기본 인센티브보다 더 많은 금액을 지급합니다. 물론 최저 목표액을 정해 목표를 달성하지 못했을 때도 최소한의 인센티브로나마 그들의 생활에 도움을 주려고 하고 있습니다. 그리고 매달 특별 인센티브제를 도입하여 목표를 달성했을 때 제품 판매나 회원권 유치 등의 특정 부분 인센티브를 만들어 지급하거나, 그 달 매출이 1등인 직원에게 포상금을 지급하거나, 매장 전체에 50만~100만 원 정도의 현금을 거는 등의 다양한 방법으로 인센티브를 지급하고 있습니다.

기본급이 많은 것보다 성과급제를 운영하여 직원들의 의욕을 높이면서 일에 대한 재미도 느낄 수 있게 노력했습니다. 이와 함께 매장 운영도 어렵지 않게 할 수 있었습니다. 매달 직원들은 더 많은 매출을 올릴 수 있도록 다양한 행사 아이템을 짜고, 계획을 짜는 일을 하고 있고, 저는 뒤에서 그들을 믿고 도와주는 역할을 하고 있습니다.

직원들의 기술 교육은 중요한 부분이기에 신경 써서 하고 있습니다. 고객의 입장에서 볼 때 편안하고 실력 있는 네일숍을 선호하는 것은 당연하기 때문입니다. 편안한 숍의 분위기를 위해 내부 고객을 중요시하는 만큼이나 직원들의 실력을 높이는 데 시간과 비용을 투자하고 있습니다. 정기적으로 이론 테스트와 실무 테스트를 직접 실시한 후, 잘하는 점은 칭찬하고 부족한 점은 일대일로 기술을 전수합니다. 저 또한 끊임없이 공부하면서 관련 서적과 자기 개발 서적, 경영 서적 등을 틈틈히 읽으려 노력합니다. 관련 박람회나 신제품 세미나, 기술 교육 세미나 등역시 빠지지 않고 다니고 있습니다.

이 모든 것이 저를 채우는 일이지만, 매장에서 저를 대신해 늘 고생하는 그들에게 새로운 정보와 기술을 전수하려고 하는 것입니다. 이렇게 해서라도 그들의 실력을 키워주는 것이 곧 내가 해야 할 일이고, 그것이 곧 매장의 운영과 직결되는 길이라고도 생각합니다. 일하기 편한 장소와 분위기를 만들고, 기본 생활을 영위하게 하며, 기술을 전수한 후 마지막으로 비전을 제시하려고 노력하고 있습니다. 이일을 하면 어떻게, 얼마만큼 성장할 수 있는지 스스로를 통하여 보여주고, 그들에게 자신만의 목표를 갖게 하면서 일에 대한 자긍심이 생기게 하는 것이 저의 역할이라고 생각합니다. 그래서 때로는 교육 세미나에 직접 보내기도 하고, 해외 박람회에 함께 참관하기도 하며, 잘 일구어 놓은 매장을 직원들에게 전수할 뜻을 이야기합니다.

내부 고객을 소중히 생각했더니 외부 고객 관리는 반쯤은 저절로 되는 듯합니다. 외부 고객을 관리할 때 역시 항상 고객 카드를 작성합니다. 고객 카드에는 고객의 생일, 처음 방문 일자, 혈액형, 가족 구성원, 좋아하는 색상 등 기본적인 사항들과 마지막으로 발랐던 컬러 넘버나 시술 내용 등을 자세히 기록하여 보관합니다.
사람은 누구나 칭찬하고 관심을 표현하면 똑같이 관심을 가져주고 애정을 주는 것 같습니다. 각 매장의 직원들은 고객의 이름을 기억하고 고객들과 친구처럼 가족처럼 지냅니다. 이와 동시에 저는 그들이 고객임을 명심하여 예의를 지킬 것을 강조합니다. 제가 직원들을 대하듯이 직원들이 고객을 대하니 고객들은 자연스럽게 재방문하더군요.

회원권 구매로 지속적인 관리를 원하는 고객에게는 고객의 첫 방문 후 2~3일 안에 안부 전화나 문자를 보냅니다. 관리할 때 불편 사항이 있었는지, 사후 관리는 어떻게 하고 있는지, 현재의 상태는 어떤지 등을 물어보고 짧지만 그에 맞는 상담을 합니다. 그리고 다음 예약 스케줄을 잡아 지속적인 관리로 만족도를 높이고 있습니다. 물론 직접 통화를 하지 못하는 고객이 많습니다. 이런 경우에는 반드시 문자 메시지를 보내 고객에게 관심을 표현합니다. 일회성으로 관리를 받는 고객에게는 다음 재방문을 위한 손 관리 할인 쿠폰을 증정합니다. 이 쿠폰으로 2차 관리를 받으러 오는 고객에게는 발 관리 할인 쿠폰을 증정하여 숍에서 시술하고 있는 매뉴얼을 다양하게 접할 수 있게 합니다.

저희 숍의 이러한 제도는 고객의 3차 방문까지 유도가 가능하고, 많은 고객들이 3차 방문 안에 회원권을 구매하여 매출 증가에 큰 힘이 되고 있습니다. 때로는 눈앞의 작은 이득을 버리면 큰 이득이 따라온다는 것을 저는 숍을 운영하면서 배우고 있습니다.

네일리스트! 현직에 종사하고 있는 대부분의 많은 이들은 네일리스트를 기술직이라고 생각합니다. 그러나 저는 항상 강조합니다. 우리는 기술직임과 동시에 영업직이며, 서비스직입니다. 이 세 가지를 두루 갖춘 사람이 전문 네일리스트입니다. 그러므로 모두들 기술을 향상시키려고 노력해야 합니다. 늘 새로운 것을 추구하고 공부하고 연습해야 합니다. 그러나 고객에게 왜 제품을 판매해야 하는지, 왜 친절이 중요한지 인식하지 못하는 직원들이 많습니다. 저는 기술을 전수하기 전에 영업 능력과 서비스 마인드를 더 강조하고 교육합니다. 저와 함께 일하는 직원들은 고객에게 최상의 만족도를 드리려고 제품을 권합니다. 매출을 올리려는 목적으로 구입을 권유하는 것이 아니라, 고객의 손과 발 상태를 정확히 파악하고 어떤 제품으로 그들의 문제점을 개선시켜줄 것인지 결정하여 고객에게 이러한 점들을 설명하는 것입니다. 고객을 진심으로 배려하고 걱정하는 마음에서 이루어지는 제품 판매의 성공 확률은 80~90% 정도입니다. 비록 고객의 주머니를 열게 했지만 꼭 필요한 제품을 권함으로써 고객의 만족도는 더욱 높아지게 되고, 더불어 매출도 증가하니 일석이조인 셈입니다.

늘 많은 사람으로부터 "비결이 무엇입니까?"라는 질문을 받습니다. 이제 저는 어느 누구에게나 한결같은 대답을 합니다.

"그것은 '관심' 입니다! 저에 대해서 뿐만 아니라 저의 주변 인맥에 대하여 관심을 갖고, 직원들에 대해 관심을 갖고, 고객들에게 관심을 갖다 보니 지금의 제가 되었습니다."

저는 현재도 그들 모두에게 관심을 집중하고 있습니다. 5년 후 그들과 내가 어떤 모습이 되어 있을지는 알 수 없습니다. 다만 우리의 성장 속도는 날이 갈수록 빠르게 증가할 것이라는 것을 확신합니다.

'관심!'
그것의 힘은 실로 놀라울 뿐입니다.

E 피부 관리실 · ○○○ 원장

저는 울산에서 피부 관리실을 운영하고 있습니다. 건강 경락을 전문으로 하니, 피부 관리실이라기보다는 건강 관리실이라 하는 것이 더 이상적이겠군요. 대부분 주 고객이 40대 이후의, 병원에서 만성 질환으로 진단받은 사람들일 것이라고 생각하겠지만, 고객 연령대는 20대 초반부터 70대까지 아주 다양합니다. 오래된 (4~5년 되신 분이 가장 많고, 10년 이상 되신 분도 꽤 있습니다) 고객과 모녀지간의 고객이 많다는 것이 저에게 가장 큰 힘인 동시에 희망이 됩니다.
실제로 고가의 미용기기 한 대 갖추지 않은 소규모로 운영하는 관리실이어서 큰 성공 사례담이 있지는 않습니다. 하지만 우정을 나누며 정을 쌓은 오래된 고객을 가지는 비법(?)인 제 나름의 철학과 소신을 소개하겠습니다.

1. 이레
2. 라파
3. 샬롬
이것은 제 삶의 철학이자 운영 방침입니다.

'이레'는 '준비합니다'라는 뜻입니다. 내가 고객을 응대할 준비가 되어 있지 않으면 고객은 곧 떠납니다. 그러므로 가장 먼저 시각적으로 고객을 맞을 준비가 되어 있는지를 고려해야 합니다. 아무리 실력이 뛰어난 사람의 손길을 찾은 고객이어도 누군가가 누웠던 표시가 심하게 나는 침대 위에 눕고 싶지는 않을 테니까요. 그리고 기본적인 부분이지만 기술적이든지 지식적이든지 고객이 건강 상담을 할 때 즉시 대답해 줄 수 있는 실력을 준비해야 합니다. 수년 전의 지식을 갖고 있거나, 기술이 발전되지 않는다면 고객은 금방 느끼게 됩니다. 그러므로 늘 자신을 갈고닦는 노력이 필요합니다.

다음으로 '라파'입니다. '라파'는 '병을 고치다'라는 뜻입니다.

"거래가 끝난 후에는 누구든 내 앞에 누운 사람은 똑같은 생명체로만 여기고 임하라."

중의학을 공부할 때 지금도 존경하는 제 스승님께서 하신 말씀입니다. 기본 티켓팅을 하는 고객이든지, 특별 관리 티켓팅을 하여 큰 소득을 주는 고객이든지, 이미 내 고객이 되어 내 앞에 누워 있다면 경중의 저울은 버리고 그분에게 최선을 다하라고 말씀하셨습니다. 병을 호전시키는 첫 번째는 마음을 여는 것입니다. 시술자인 내 마음을 먼저 열어 고객과 '공명'을 이루지 않으면 절대 고객의 마음은 열리지 않으며, 육체의 병증도 호전시킬 수 없습니다. 이것은 고객을 귀히 여기고 생명 연장의 사명감을 가질 때 가능한 일입니다. 일을 할 때 어느 누구보다(의사나 한의사는 도저히 할 수 없는) 고객의 몸을 정확하고 철저하게 촉진시킬 수 있는 나는 너무나 자랑스러운 일을 하고 있다고 스스로 인식하여 한 고객 한 고객에게 정성을 다해 최선으로 임해야 합니다.

마지막으로 '샬롬'입니다. '샬롬'은 '평안하라'라는 뜻입니다. 관리실을 들어서는 순간 잔잔한 명상 음악이 흐르고, 내 집 거실 같은 분위기에 안락의자가 있다면 더할 나위 없이 좋은 편안한 곳이 되겠지요. 그러나 '편안하다'는 것은 '평안하다'는 것과는 확실히 의미가 다릅니다. '평안'은 고객이 관리실을 나간 후에도 마음이 편한 상태를 의미합니다. 즉, 고객의 입에서 나온 그 어떤 말도 집중하여 듣되, 입으로는 절대 발설하지 않아야 하는 것입니다. 가령 아이를 양육하고 교육시키는 일, 결혼 적령기의 고민, 결혼 생활의 갈등, 갱년기 우울증 등을 고객이 호소할 때 진심으로 들어주고 고민을 함께 나누되, 입을 무겁게 가진다면 고객의 신뢰를 얻을 수 있을 것입니다.

보습학원을 운영하던 저는 12년 전 화장품 회사의 교육 강사직을 권한 친구 덕에 향장업계에 발을 디뎠습니다. 이후 교육 강사, 영업, 직원 관리, 순회 교육 매니저 등의 직급을 거치면서 다듬어져 지금의 관리실을 운영하기에 이르렀습니다. 제가 가장 자랑하고 싶은 것은, 제 눈물을 닦아주고 같이 기쁨을 나눌 수 있는 오래되고 절친한 고객들이 제 옆에 있다는 것입니다.

제가 항상 이레, 라파, 샬롬의 세 가지 원칙을 마음에 새기며 살았던 것은 아니었기 때문에 스스로 자기 체면에 쓰러지기도 했고, 쓸데없는 자존심과 고집으로 다른 사람의 마음도 많이 아프게 했습니다. 일을 하는 과정에서 저보다 나이가 어린 사람에게, 혹은 동료에게 무시당하는 일이 발생하거나, 어리석은 저를 이용하려는 사람이 생기기도 하는 등 많은 상처를 겪기도 했습니다. 하지만 그때마다 저를 위로해 주고 때로는 진심으로 충고해 주었던 제 고객들이 있어 오늘의 제가 있을 수 있었습니다. 오늘은 그런 제 친구들에게 오랜만에 문안 편지를 써야 하겠습니다. 오랫동안 지내면서도 하지 못했던, 사랑한다는 말을 담아서 말입니다.

고맙습니다.

울산에서 김○○ 드림

K 피부 관리실 • ○○○ 원장

저는 처음 8개의 베드를 가지고 아무런 경험도 없이 피부 관리실을 시작했습니다. 초창기에는 경험도 없고, 직원들만 믿으면서 너무 많이 고생을 했죠. 가장 어려웠던 점은 관리사들의 잦은 이직이었습니다. 현재는 경력 있는 관리사들로 어려움 없이 운영 중이지만, 이 정도로 자리 잡기까지 무척 힘들었습니다. 또 언제 그만둔다고 갑작스럽게 말할지 모른다고 생각을 하면 너무 고통스러웠습니다.
그래서 저는 이를 극복하기 위해 외부 고객 관리만큼 가장 가까이 있는 내부 고객인 직원들에게 정성과 사랑을 많이 주는 편입니다. 항상 직원들과 가족같이 지내려고 노력했고, 관리사들의 큰언니와 같은 마음으로 속마음을 털어놓고 이야기도 하고, 친밀감을 형성했습니다. 저는 직원들에게 인생의 멘토 역할과 비전을 심어주는 원장이 되려고 노력하고 있습니다. 또 항상 직원들과 지식을 공유하고, 교육장 개념으로 피부 관리사들의 실력을 향상시키는 데 주력하고 있습니다. 그래서 이직률은 다른 곳에 비해 정말 낮다고 말할 수 있을 만큼이 되었습니다. 요즘 국가자격증을 따겠다고 실장급들이나 피부 관리사들이 퇴사하는 경우가 많은데, 저희 숍은 자체적으로 모두 이루어지고 있어서 매우 뿌듯합니다. 직원과 원장, 매니저, 고객, 이렇게 하나가 되어 정을 나누는 사람들의 집합처라는 생각으로 꾸준히 숍을 경영하고 있고, 입소문과 고객들의 적극적인 소개로 방문하는 고객들이 많습니다. 그래서 저와 직원들은 열심히 공부하고, 실력을 향상시키는 데 집중할 수 있습니다.
또한 원장인 저의 어려운 점도 공유하면서 관리사들도 원장의 입장에서 생각할 수 있는 성숙의 기회도 참 많이 주었습니다. 처음에는 피부에 대한 기본 지식도 없고 많은 시행착오를 겪었지만, 현재는 세미나나 외국에서 하는 교육에도 잠시 다녀오는 등 마음과 시간의 여유가 생겼습니다.

직원들에게 컴퓨터를 이용해서 매출 관리, 고객 관리, 직원 관리 등을 하도록 하여 매출 향상에 큰 계기를 마련했습니다. 이것을 흔히 하는 고객 관리로 생각할 수도 있지만, 저는 정성과 진심에서 우러나오는 고객 관리를 꾸준히 해온 것이 지금의 성공 피부 관리실로 만들 수 있는 계기가 되었다고 생각합니다. 고객의 생일에 맞춰 문자를 보내고, 방문하도록 해서 고주파 관리나 기타 특수 관리를 서비스하고 있습니다. 그리고 오래전에 방문했던 고객에게도 꾸준히 피부 관리를 받지 않아도 차 마시러 오실 수 있도록 전화나 문자를 보냅니다. 이렇게 해서 방문한 고객도 많아지고, 감동을 많이 받네요. 이제는 사람에게 정성과 사랑을 쏟는 숍, 그 사랑으로 연구하고 실천하는 숍이 성공할 수 있다는 생각을 많이 합니다.

저는 처음에 마을버스에 광고물을 붙이거나, 주변 아파트의 인지도 및 고객의 생활 수준을 파악하여 아파트 관리비 영수증에 홍보를 하거나, 전단지를 배포하는 등 숍을 활발하게 홍보했습니다. 그 결과, 현재 월 4,500만 원에 달하는 매출을 올릴 수 있게 되었습니다. 지금은 인터넷을 통해서 홍보하거나 기존 고객 관리에 더욱 정성을 기울이고 있습니다.

성공은 노력하는 만큼 결과가 생긴다고 믿고 살아가고 있습니다. 저에게 피부 관리실의 원장은 천직이라는 생각이 들어 더욱 열심히, 즐겁게 일하면서 이후에는 후배 양성을 하여 분점을 낼 계획입니다.

J 피부 관리실 • ○○○ 원장

크지도 그렇다고 너무 작지도 않은 숍이지만, 저는 '기업의 경영을 한다.' 라는 마음가짐을 가지고 궁극적인 목표인 이익을 창출하는 데 가장 큰 신경을 썼습니다. 무엇보다 직원 관리에 신경을 썼으며 피부 관리실에서 함께 일하는 피부 관리사들의 안정을 최우선으로 생각했습니다. 피부 관리사들을 채용할 때 서비스 마인드를 가장 우선시해서 채용했습니다. 테크닉 교육은 열심히 연습해서 향상시킬 수 있지만, 기본적인 서비스 마인드 정신이나 사회생활의 기본적인 자세는 몸에 배어 있어야 하기 때문입니다. 또한 직업관이 뚜렷하지 않은 직원이나 교육이 먹히지 않는 직원은 과감하게 그만두게 해서 나머지 직원들에게까지 영향을 미치는 것을 막았습니다.

직원 교육은 피부 관리실 내의 체계적인 교육을 통해 비전을 제시해 줄 수 있도록 노력했습니다. 원장인 제가 세미나나 교육을 통해서 알게 된 신지식을 매니저를 주축으로 이루어질 수 있게 했고, 오전 오픈조와 마감조로 나누어 최소 인원으로 최대 효과를 볼 수 있게 했습니다. 출근 시간 15분 전에 나와서 복장과 메이크업이 완벽할 수 있도록 항상 준비된 자세로 업무에 임할 수 있게 했습니다. 오픈 시간인 오전 10시 7분 전에는 항상 서비스의 기본인 인사 예절부터 훈련하여 하루를 시작하는 마음가짐을 정비했습니다. 그리고 오픈 이후 남는 시간을 활용하여 당일 방문할 고객들의 고객 차트를 확인하면서 고객 서비스 선호도나 관리 횟수 등을 분석하여 직원들 모두와 공유했습니다. 이 과정을 통해 재티켓팅과 꾸준한 방문을 유도할 것을 권했고, 클레임 발생과 예방에 최선을 다했습니다. 무엇보다 철저하게 자체 교육을 시켜서 인력 관리를 잘할 수 있었습니다.

상대적으로 적은 급여에 대해 저는 다른 피부 관리실과는 차별화된 인센티브 제도를 도입했습니다. 1회성 고객의 티켓 유도에 기여한 직원이나 매출 기여도가 우수한 직원에게 확실한 인텐티브를 지급했습니다. 예를 들어 "관리 한 번 받아 보고 결정하겠습니다." 라는 고객에게 티켓팅을 끌어냈을 경우 그 자리에서 고객이 가신 뒤에 인센티브를 지급하기도 했습니다. 또한 4대 보험에 가입하여 직원들의 복지 향상에도 신경 쓰고, 퇴직금 제도를 도입하여 장기 근무를 유도하고 있습니다. 이와 같이 직원들의 약속에는 철저하게 신뢰도를 형성하고 있는데, 이것이 저의 큰 자부심입니다.

끝으로 피부 관리실의 리더이자 인생의 멘토가 될 수 있는 원장으로서의 입지를 굳히는 데 많은 노력을 기울였습니다. 직원은 교육 중인 초보 관리사를 합쳐 9명을 두고 있고, 한두 명이 퇴사해도 숍에 문제가 생기지 않도록 저 나름대로 계획하여 실천 중입니다. 그리고 기본 소양이 갖추어지지 않은 고객이 있다면 환불 처리하여 숍을 찾는 다른 고객들에게 피해를 주거나 직원의 사기를 저하시키지 않도록 관리하고 있습니다.

- 첫 출발을 잘해야 합니다(개업 당시의 숍 분위기는 미래의 되고자 하는 숍 분위기의 출발선입니다).
- 준비된 사람만이 기회를 잡을 수 있습니다(서비스 정신, 복장, 메이크업, 위생, 친절, 정성).
- 고객에게 티켓팅을 강제로 유도하지 말고, 고객이 감동을 받으면서 즐거운 마음으로 티켓팅을 할 수 있는 분위기를 조성합니다.
- 고객이 기대 효과를 가질 수 있도록 합니다.

W 피부 관리실 • ○○○ 원장

제가 피부 관리실을 시작하게 된 계기는 에스테틱 분야가 여성의 직업으로서 매력적으로 느껴졌고, 그 일에 종사하면서 돈을 벌고 싶었기 때문입니다. 피부에 관심이 많았기 때문에 피부 미용을 전공했고, 피부 관리실에서 실전 노하우를 배우면서 꾸준히 3년을 공부한 후 창업을 하게 되었습니다.

처음 오픈했을 당시 2명의 직원과 함께 대학가에서 시작했는데, 이전 관리실에서 했던 프로그램은 맞지가 않았습니다. 주 고객층이 대학생과 직장인인데, 관리 시간대가 저녁으로 편중되어 시간을 관리하기가 힘들더군요. 그래서 100% 예약제로 프로그램을 바꾸었고, 메일링 서비스를 본격적으로 활용했습니다. 고객 카드를 꼼꼼히 정리하고, 예약 전후로 SMS 문자를 발송하며, 기념일이나 관리 진행 상태 등 지속적으로 메일링해서 고객으로 하여금 계속 관리를 받고 있다는 느낌이 확실히 들 수 들게 했습니다.

또한 유행에 민감한 고객층을 만족시키기 위해 계절별 스킨 케어와 보디 케어 부분에도 다양한 프로그램을 개발했습니다. 프로그램을 메뉴판식으로 제작해서 취향과 상황에 따라 골라서 할 수 있도록 했죠. 유행에 민감하고 변화에 익숙한 젊은 고객들에게 지속적인 프로그램 개발과 메뉴판식 뷰어는 잘 맞아떨어졌습니다. 곧 입소문이 퍼졌고 고객 유치에 큰 몫을 하게 되었답니다.

고객의 피부를 건강하게 만들어주는 것도 중요하지만, 관리 후 홈케어는 더욱 중요하다고 할 수 있습니다. 그래서 상담을 통해 대화를 많이 하고, 꼼꼼한 관리법을 알려주어 후 관리까지 체크합니다. 이 부분에서 고객들에게 신뢰감을 많이 심어준 것 같아요.

사실 직원 관리가 가장 힘이 듭니다. 직원을 뽑는 것부터가 힘들어요. 전문적인 교육을 받았더라도 기술을 인정받지 못하면 살아남을 수 없는 세계이기 때문에, 졸업장이 있어도 실전 경험이 없으면 힘들기 때문입니다. 준비가 되지 않은 사람에게 섣불리 고객 관리를 맡기면 그동안 쌓아왔던 신뢰감까지도 무너뜨릴 수 있으니까요. 그래서 저는 직원을 채용한 후 교육을 병행하고 있습니다. 이론을 겸비한 실전 테크닉을 주 1회, 인성 교육을 월 2회, 상담 기법을 월 1회로 실시하고 있고, 필요할 경우 외부 교육도 실시하고 있습니다.

항상 변함없는 피부 관리실을 꾸려나가는 것이 제 꿈입니다. 예약하고 일주일을 기다릴 정도로 누구나 한 번쯤 관리를 받으러 가보고 싶은 꿈의 관리실, 바로 그런 곳으로 만들고 싶습니다.

전라도 S숍

피부 관리사 ○○○

제가 일하던 숍은 전라남도 순천의 아파트 단지와 상가들이 즐비한 큰 도로 부근에 위치해 있었고, 작지도 크지도 않은 보통 규모의 피부 관리와 스포츠 마사지를 겸하는 곳이었습니다. 남자 고객과 여자 고객의 관리실이 분리되어 있었고, 대체로 조용한 분위기에 잔잔한 클래식 음악을 항상 틀어놓았습니다. 고객층은 주로 아파트 단지의 주부나 직장 생활을 하는 30~50대 정도의 여자 고객들이었고, 부인과 함께 온 남편들은 스포츠 마사지나 발 관리를 받았습니다. 가격대는 기본 케어는 1만 원부터 시작하고, 전신의 경우 15만 원 정도였습니다. 회원권으로 끊으면 기본 10회에 1회는 서비스였고, 130만 원 정도였는데, 주로 등이나 다리 관리를 원하는 고객이 많았습니다.

특별한 홍보 없이 단골 고객님들의 입소문을 통해 새로운 고객들이 방문했어요. 숍에서는 고객의 사소한 일도 기억하면서 두 가지 이상의 관리를 받으면 한 가지는 서비스로 해 주었죠. 그리고 모든 관리가 끝나고 나면 미지근한 물이나 녹차와 같은 서비스를 꼭 제공했습니다. 벽에는 고객이 직접 간단히 할 수 있는 관리 방법이나 여러 가지 미용에 관련한 정보를 게시해서 늘 새로운 정보를 고객들이 접할 수 있도록 했습니다. 이 부분에 대해 고객의 질문도 많았고 반응도 좋았습니다.

다만 한 가지, 관리실 안에 직원들이 식사를 할 때나 간식을 먹을 때 이용하던 음식을 조리하는 공간에 환기 시설이 잘 되어 있지 않아 음식 냄새가 너무 심하게 났습니다. 피부 관리실에서 환기는 매우 중요하다는 것을 그때 느꼈습니다.

직원으로서 가장 만족스러웠던 것은 틈틈이 가장 기초적인 것부터 원장님이 직접 단계별로 교육해 주신 것이었어요. 예를 들어 클렌징부터 팩 만들기와 같은 그 숍의 원장만의 관리 테크닉 등이었죠. 또한 원장님은 식사 시간을 놓치지 않고 꼭 식사를 할 수 있도록 해주셨고, 충분한 간식을 제공해서 관리 중간에도 힘이 들면 간식을 먹고 힘을 낼 수 있었습니다. 지금 생각해 보면 많은 피부 관리실을 다녀 보았지만 원장님께서 직원 몸을 참 많이 챙기셨고, 먹는 것에 신경을 많이 써 주셨던 분이었다는 생각이 듭니다.

이곳에서 저는 원장님이 직원을 사랑으로 대하며 몸을 잘 챙겨주셨던 것과 같이 간식 및 식사를 잘할 수 있도록 많은 정성을 기울이신 것이 가장 기억에 남습니다. 그렇게 받은 만큼 베풀기 위해서 정성을 다해 고객 관리를 했던 곳이었습니다. 그러다 보니 어느새 고객들도 제 마음을 알아주셨고, 고객과 피부 관리사가 아닌 언니와 동생의 관계 또는 엄마와 딸과 같은 친근함까지 느낄 수 있게 되었습니다. 제가 나중에 원장이 된다면 이렇게 일하면서 좋았던 부분을 접목시켜 운영해 나갈 것입니다. 제가 일했던 순천의 숍은 따뜻함으로 오래 남을 숍이었고, 지금도 그곳의 원장님을 떠올리면 자연히 미소가 지어집니다.

충남 K숍

피부 관리사 ○○○

＊ ＊

제가 일하던 숍은 충남 서산의 아파트 단지 안에 위치한, 피부 관리실과 미용실을 함께 운영하면서 비만 관리를 위주로 운영하던 여성 전용 숍이었습니다. 고객층은 주로 아파트 단지의 주부나 직장 생활을 하는 30~50대 정도의 여성 고객들이었습니다. 가격대는 기본 3만 원부터 전신 20만 원 정도였고, 회원권은 10회에 180만 원 정도였습니다. 미용실을 이용하면서 피부 관리를 받는 고객에게는 피부 관리의 할인 혜택을 주었고, 반대로 피부 관리를 받는 고객이 미용실을 이용할 경우에도 할인 혜택을 주었습니다. 그리고 피부 관리가 끝난 후 서비스로 머리 손질을 해드리기도 했습니다.

숍에는 기다리는 고객들의 지루함을 없애기 위해 혼자서 쉽게 할 수 있는 기계가 설치되어 있어 고객들의 반응이 좋았습니다. 모든 관리 전에는 꼭 찜질 기계를 사용하여 고객들이 편안히 관리를 받을 수 있도록 도왔으며, 비만도를 측정하여 관리 전후를 비교해 고객이 얼마나 좋아졌는지를 꼼꼼하게 설명해주었습니다.

그리고 벽에는 기계 관리 후 효능과 효과를 게시해 고객이 안심하고 기계를 사용할 수 있도록 하면서, 설명에 대한 기대 효과도 누릴 수 있도록 했습니다. 하지만 관리실이 기계 관리를 하기에는 비교적 좁은 편이라 직원으로서 기계를 운반하며 관리하는 것이 다소 불편했습니다. 그리고 기계를 이용한 관리 위주였기에 몸은 편했지만 직접 손으로 하지 못하기 때문에 새로운 기술을 익힐 기회가 적고, 기존에 가지고 있던 기술마저 사용할 기회가 적어 아쉬웠습니다. 하지만 미용실 일도 배울 수 있었던 점은 좋았던 것 같습니다.

일의 특성상 식사 시간을 제때 챙기지 못하는 경우가 많았지만, 원장님이 중간에 과일이나 간식 등을 충분히 제공해 주었고, 일이 늦게 끝나는 경우에는 원장님이 집까지 데려다주기도 했습니다. 그 곳에는 원장님과 직원 둘, 피부 관리실 실장이 있었고, 모든 직원은 미용실 일과 피부 관리실 일이 가능한 실력을 갖추고 있습니다. 근무 시간은 오전 9시부터 오후 9시까지였고, 원장님이 교회를 다녀서 특별한 예약이 없는 한 일요일은 휴일이었습니다.

아무래도 이곳은 비만 관리가 위주이다 보니 전신 코스를 받는 고객이 대체적으로 많았고, 미용실에 머리 손질을 하러 온 고객에게 피부 관리를 권유하기도 하여 자연스러운 홍보 효과를 보았습니다. 그리고 원장님과 직원들의 관계도 좋았지만, 고객과 직원들과의 관계도 신뢰와 정으로 뭉쳐져 관계 형성이 잘되어 있었던 숍이었기에, 홈케어 화장품이 들어올 경우 직원이 권하면 고객들은 믿고 구입하는 경우가 많았습니다. 그리고 재티켓팅이나 고가의 티켓팅도 자연스럽게 이루어졌습니다. 입소문을 통한 고객 유치가 잘되었기 때문에 특별히 많은 광고비를 들이지 않더라도 매출은 높은 편이었습니다. 추운 겨울에 꽁꽁 언 손으로 순대와 호떡, 떡볶이를 사오시는 고객이 있을 정도로 정이 넘쳐나는 그런 숍이었습니다. 그곳에서 일하면서 원장님에게 많이 배웠고, 피부 관리 스킬 이외에 경영하는 전반적인 흐름이나 고객 관리를 많이 배울 수 있었습니다.

동인천 H숍

피부 관리사 ○○○

＊ ＊

저는 동인천의 한 피부 관리실에서 일했던 것이 기억에 남습니다. 그곳은 ○○마트의 2층에 위치해 있어 마트에 장을 보러 왔다가 관심을 가지고 찾는 고객들이 많았습니다. 고객층은 20~60대 남녀로 광범위했고, 주부 고객들은 아이들을 데리고 오는 경우가 많았기 때문에 늘 시끌벅적하고 산만했습니다. 가격대는 저렴한 편으로, 기본 4,000원부터 각 보디가 1만 원이었고, 한 번에 전신 관리를 받는다거나, 회원가는 없었습니다. 다만 고객이 방문하면 고객 카드에 기록하여 10회 관리를 받으면 1회를 무료로 서비스하였습니다. 대부분이 얼굴 기본 케어를 받는 고객이었고, 고객이 많아서 한 사람당 관리 시간이 짧았습니다.

특별히 따로 홍보를 하지 않았지만, 가격에 저렴했기 때문에 마트에 왔다가 잠시 들러서 관리를 받아본 뒤 괜찮아서 다음에 다시 방문하는 고객들이 대부분이었습니다. 많은 고객들을 세심하기가 관리하기가 매우 힘들었기 때문에, 자주 오는 고객에게는 고객 카드에 간단하게 메모했다가 안부를 묻는 정도였습니다. 고객을 많이 받기 위해 수납장 같은 다른 가구를 놓는 대신 베드를 많이 놓은 것이 이곳의 특징이었고, 다른 곳에 비해 물품 관리가 아주 철저했습니다.

직원의 입장에서는 이곳이 다른 숍에서의 근무보다 더 힘들게 느껴졌습니다. 마트에 위치해 있고 가격도 저렴하여 고객들이 너무 많아서 힘들었고, 식사도 제대로 할 수 없었을 뿐만 아니라 주부 고객과 함께 온 아이들 때문에 집중해서 관리하기가 매우 힘들었습니다.

직원은 원장님 한 분과 매니저 한 분, 실장님 한 분과 관리사 네 명이었는데, 넘치는 고객에 비해 관리사가 적어서 굉장히 힘들었고, 같이 일하는 관리사들이 대부분 나이도 많았고 텃세도 심했습니다. 직원들 대부분이 식사를 거의 못할 때가 많아 숍의 냉장고 안에는 다양한 간식이 준비되어 있어 시간이 날 때마다 먹을 수 있었습니다. 근무 시간은 오전 10시부터 오후 9시까지였고, 휴일은 한 달에 세 번이었습니다. 정신없는 가운데 시간이 가장 빨리 가는 느낌이었던 숍으로 기억됩니다.

안타까운 점은 홈케어 제품을 판매할 시간적 여유가 없어 관리와 홈케어 판매의 연결이 잘 되지 않았다는 점입니다. 관리를 받으면서 홈케어 제품까지 연계가 잘 되었다면 고객의 피부 호전 정도는 더욱 빠르지 않았을까 생각됩니다.

이 숍을 통해 저는 입지 조건에 대해서 생각하게 되었습니다. 고객이 많은 곳에 숍을 차리는 것은 당연합니다. 하지만 후에 제가 같은 조건의 피부 관리실을 운영하게 된다면, 아이들을 동반한 주부 고객들이 많을 경우 안전한 유아놀이방을 만들어서 고객들이 마음 놓고 관리를 받을 수 있도록 꾸며볼 것입니다. 관리를 받으면서도 아이 때문에 불안하다면 제대로 된 관리가 이루어지기 어렵기 때문입니다. 이 숍에서 일하면서 일이 고되기도 했고, 짜증도 많이 났지만 그래도 직간접적으로 많이 배울 수 있었던 것 같습니다.

강남 Y숍

피부 관리사 ○○○

＊＊

제가 근무했던 피부 관리실은 서울 강남의 신사역 근처에 위치해 있었습니다. 규모는 아담했지만 럭셔리한 인테리어 덕분에 기대 효과를 가지기 충분한 피부 관리실이었습니다. 고객은 예약으로만 받았고 당일 예약은 불가능했습니다. 조그마한 사우나 시설도 있었고, 아늑하고 약간 어두운 조명을 사용해 차분한 분위기를 연출했으며, 은은한 아로마 향초를 항상 피워놓았습니다.

케어 제품은 가장 고가이면서 최고급으로만 사용했고, 고객층은 일반적으로 '사모님'이라고 불리는 분들과 재력이 되는 주부님, 직장인, 그리고 종종 연예인들도 방문하는 여성 전용 숍이었습니다. 가끔 몇 번의 사정 끝에 사모님들이 모셔오는 특별한 남자 손님의 예약이 있기도 했는데, 이런 경우에는 그 시간대에 여자 손님의 예약을 받지 않고 진행했습니다.

가격대는 얼굴 케어 기본이 2만 5,000원부터 얼굴 특수 관리는 10만 원 이상까지였고, 전신은 50만 원 정도이며, 회원권은 상담실에서 원장과 상담 후 결정되었기 때문에 직원은 알 수 없었습니다. 관리는 얼굴 케어부터 전신까지 다양하게 관리했는데, 고객 관리는 원장님께서 직접 하셨고, 회원에게 일일이 안부 전화를 할 만큼 중요하게 관리했습니다.

숍 홈페이지를 통해 홍보하고, 가끔씩 쿠폰을 나눠주는 이벤트를 열어 쿠폰을 가져오면 기본 케어를 무료로 체험할 수 있었습니다.

직원에 입장에서는 고급스러운 분위기에서 좋은 제품을 사용하고 많은 손님을 받지 않아 여유로운 분위기 속에서 근무할 수 있었던 것이 좋았습니다. 그리고 관리사 휴게실도 고급스러운 인테리어로 꾸며졌고, 쉴 수 있는 베드까지 따로 있었으며, 식사 시간도 제 시간에 여유롭게 즐길 수 있어서 좋았습니다. 근무 시간은 오후 1시부터 9시까지였고, 예약은 토요일까지 받았지만, 예약이 없을 경우 토요일과 일요일 모두 휴일이었습니다.

여러 곳을 비교해 보았을 때 직원 입장에서는 식사도 잘 챙겨 먹을 수 있고, 고객 층이나 모든 면에서 여유롭고 근무 조건이 좋았던 것으로 기억됩니다. 많은 곳에서 일을 해본 결과, 이렇게 고품격의 예약제로 운영되는 곳도, 직원의 근무 조건이 열악하고 힘이 들지만 고객에게는 저렴한 가격에 케어를 받을 수 있는 곳도 각각의 장점이 있었던 것 같습니다. 또한 기계 관리를 주로 하는 곳에서는 손 관리의 스킬은 떨어질 수 있지만, 근무하기 편할 뿐 아니라 기기를 능숙하게 다루는 것을 배울 수 있었습니다. 그리고 교육이 잘 이루어진 숍은 기본을 다지면서 손기술을 익힐 수 있어서 좋았습니다.

많은 피부 관리실을 다니면서 각각의 피부 관리실에 따른 나름대로의 장·단점을 접할 수 있었던 것이 큰 공부가 된 것 같습니다. 후에 이러한 장점만을 모아서 제대로 된 피부 관리실을 꼭 운영해 보고 싶습니다. 피부 관리사는 하면 할수록 보람되고 아름다운 직업이라고 생각됩니다.

인천 M숍   ✳ ✳
피부 관리사 ○○○

피부 관리실 면접을 보고 출근하기까지 3일 정도의 시간이 있었습니다. 하지만 그동안 너무 힘들게 일했던 탓인지 불안감이 먼저 찾아왔습니다. 그러나 그곳에 갔을 때는 그동안 일하던 관리실과는 느낌과 분위기가 달랐습니다. 원장님 한 분, 실장님 한 분, 직원 8명, 베드가 14개였고 지금까지 일했던 관리실들 중에서 가장 크고 직원들도 많았습니다. 원장님을 비롯하여 너무 반갑게 맞아주는 직원들이 너무 좋았습니다.

아침 시간이어서 다들 피곤하겠지만 표정도 밝고, 원장님과 관리실 이야기 외의 사적인 이야기도 서슴없이하고 있었습니다. 지금까지 일했던 곳들과는 조금 다른 모습이었지만, 조금씩 적응을 하고 오전 9시부터 고객들을 받기 시작했습니다. 예약이 체계적으로 잘 잡혀 있어서 고객들이 기다리거나 직원들이 힘들어하는 것이 없었고, 모든 것이 순조롭게 잘 이루어졌습니다. 점심 시간에는 식사를 마친 후 잠시 컴퓨터도 하고, 힘들면 누워 있기도 했습니다. 그리고 점심 시간이 끝나기 10분 전이면 원장님이 자는 직원들을 웃으면서 깨우고는 다시 "파이팅!"이라고 말해주셨습니다. 저는 그렇게 직원들을 배려해주는 원장님이 너무 좋았습니다.

예약이 늦게까지 잡혀서 일이 늦게 끝나는 날이면 가끔은 저녁도 사주고 택시 타고 가라면서 직원들 한 명 한 명의 손에 택시비를 쥐어주곤 했습니다. 또 월급날에는 그냥 통장으로 넣는 것이 아니라 직접 챙겨주면서 힘든 일은 없었는지, 불만은 없는지 체크하셨고, 적지만 용돈으로 쓰라며 조금씩 더 챙겨주셨습니다. 또한 직원들의 가족관계나 애인 이름을 알 정도로 세심하고 관심 있게 지켜봐주셨습니다. 그리고 기술을 전수해 주시겠다면서 2주 정도에 한 번씩 직원들을 집으로 초대를 해서 기술 전수도 해주시고, 같이 식사도 하면서 쇼핑도 하곤 했습니다. 저는 이런 가족 같은 분위기가 너무 좋았습니다.

원장님의 배려로 일의 능률도 높아지고 직원들이 자주 바뀌는 일도 없었습니다. 그렇게 3개월 정도가 지나자 원장님이 일을 너무 잘 가르쳐주셔서 테크닉도 많이 늘었고, 저의 고객들도 늘어나고 있었습니다. 그럴수록 저는 더 재미있게 일할 수 있었고, 더 큰 자부심을 갖게 되었습니다. 그렇게 6개월이 지난 후 저는 대학교 입학으로 인해 일을 그만두어야 했습니다. 너무 아쉬웠고, 그동안 정이 너무 많이 들어 바로 나올 수가 없었습니다. 그래서 입학을 일주일 앞두고 일을 그만두고도 오후 시간이 되면 관리실에 나가서 일을 도와주곤 했습니다. 원장님께서는 대학교에 입학해도 "시간이 생기면 놀러오고 열심히 해, 넌 정말 잘할 수 있을 거야." 라고 말씀해주셨습니다.

2년 정도가 지난 지금도 원장님을 비롯해서 실장님, 같이 일하던 직원들과 연락하면서 안부를 묻고, 가끔은 관리실에 찾아가곤 합니다. 앞으로 사회생활을 하면서 수많은 사람들과 만나고 헤어지겠지만, 지금 이분들처럼 좋은 분들을 다시 만날 수 있을까 싶습니다.

참고문헌

권혜영(2008) 피부관리실의 고객만족을 위한 서비스 선호도 연구-- 숙명여자대학교 대학원 석사논문

http://kookje.ac.kr
http://www.yangsacademy.co.kr
http://www.beaujoie.co.kr
http://www.hbmic.com
http://www.q-net.or.kr
인성과 매너-한성전문학교
미모천사 피부미용사 실기-권혜영 2011-성안당
미모천사 피부미용사 필기-권혜영 외 4인-성안당